AF561181

RÉCRÉATIONS GÉOMÉTRIQUES D'AFRIQUE

- LUSONA -

GEOMETRICAL RECREATIONS OF AFRICA

ISBN : 2-7384-5168-3

Paulus GERDES

RÉCRÉATIONS GÉOMÉTRIQUES D'AFRIQUE

- LUSONA -

GEOMETRICAL RECREATIONS OF AFRICA

Editions L'Harmattan
5-7, rue de l'Ecole-Polytechnique
75005 Paris

L'Harmattan INC
55, rue Saint Jacques
Montréal (Qc) - Canada H2Y

OUVRAGES DU MEME AUTEUR

* *Femmes et Géométrie en Afrique Australe*, L'Harmattan, Paris, 1996, 219 p.; *Women and Geometry in Southern Africa*, Universidade Pedagógica (UP), 1995, 200 p.
* *Une tradition géométrique en Afrique — Les dessins sur le sable*, L'Harmattan, Paris, 1995, 594 p. (3 tomes)
* (co-auteur Gildo Bulafo) *Sipatsi: Technologie, Art et Géométrie à Inhambane*, UP, Maputo, 1994, 102 p.; *Sipatsi: Technology, Art and Geometry in Inhambane*, UP, Maputo, 1994, 102 p.
* *L'ethnomathématique comme nouveau domaine de recherche en Afrique*, UP, Maputo, 1993, 84 p.
* *Lunda Geometry: Designs, Polyominoes, Patterns, Symmetries*, UP, Maputo, 1996, 149 p.
* *Ethnomathematics and Education in Africa*, Institute of International Education, Stockholm, 1995, 184 p.
* *Etnomatemática: Cultura, Matemática, Educação*, UP, Maputo, 1992, 115 p. [préface d'Ubiratan D'Ambrosio]
* *Cultura e o Despertar do Pensamento geométrico*, UP, Maputo, 1992, 146 p.; *Sobre o despertar do pensamento geométrico*, Université Fédérale de Paraná, Curitiba, 1992, 105 p. [préface d'Ubiratan D'Ambrósio]
* *Pitágoras Africano: Um estudo em Cultura e Educação Matemática*, UP, Maputo, 1992, 103 p.; *African Pythagoras: A study in Culture and Mathematics Education*, UP, Maputo, 1994, 103 p.
* *Ethnogeometrie. Kulturanthropologische Beiträge zur Genese und Didaktik der Geometrie*, Verlag Franzbecker, Hildesheim, 1991, 360 p. [préface de Peter Damerow]
* *Vivendo a matematica: desenhos da África*, Editora Scipione, São Paulo, 1990, 68 p.
* *Marx demystifies calculus*, MEP-press (Université de Minnesota), Minneapolis, 1985, 129 p.
* (co-auteur Marcos Cherinda) *Teoremas famosos da Geometria*, UP, Maputo, 1992, 120 p.
* (coordination) *A numeração em Moçambique*, UP, Maputo, 1993, 159 p.
* (coordination) *Explorations in Ethnomathematics and Ethnoscience in Mozambique*, UP, Maputo, 1994, 76 p.
* (co-directeurs C.Keitel, A.Bishop, P.Damerow), *Mathematics, Education and Society*, UNESCO, Paris, 1989, 193 p.

PRÉFACE / PREFACE

Beaucoup d'enfants et adultes africains ont une impression vis-à-vis des mathématiques comme étant quelque chose d'étrange et d'inutile, importé de l'étranger.

> Many African children and adults alike experience mathematics as a rather strange and useless subject, imported from outside Africa.

Cependant, les mathématiques sont, en realité une science très utile avec des racines profondes dans l'histoire africaine. Pendant des milliers d'années l'Afrique a joué un rôle déterminant dans le développement de la mathématique dans le monde.

> In reality, however, mathematics is a very useful subject with firm roots in African history. For thousands of years Africa played a leading role in the development of mathematics in the world.

L'héritage mathématique de notre continent, effacé pendant la période coloniale, doit être récuperé et revalorisé. Il devrait être "incorporé" dans l'éducation mathématique de façon à contribuer à la popularisation des mathématiques.

> The mathematical heritage of our continent, obscured during the colonial period, has to be recovered and valued. It should be 'incorporated' into mathematics education in order to contribute to the popularization of mathematics.

Quand les enfants et les adultes regardent la mathématique comme quelque chose appartenant à la culture africaine, ils seront plus sûrs d'eux et apprendront plus facilement les mathématiques dont l'Afrique a un besoin urgent pour son dévéloppement.

When children and adults view mathematics as something belonging to African culture, they will become more selfconfident and learn more easily the mathematics Africa needs urgently for its development.

Le Professeur Paulus Gerdes, président de la Commission de l'U.M.A. pour l'Histoire des Mathématiques en Afrique (AMUCHMA) a contribué à plusieurs études pour la réconstruction d'élements mathématiques dans la tradition du dessin des Tchokwe (Angola).

Prof. Paulus Gerdes, chairman of the A.M.U. Commission on the History of Mathematics in Africa (AMUCHMA) contributed in several studies to the reconstruction of mathematical elements in the Tchokwe drawing tradition (Angola).

Le livre *"Lusona: récréations géométriques d'Afrique"* présente des divertissements mathématiques inspirés de la tradition du dessin des Tchokwe.

The book "*Lusona: geometrical recreations of Africa*" presents mathematical amusements inspired on the Tchokwe drawing tradition.

Cette publication constitue un exemple sur la façon de valoriser l'héritage mathématique africain et je le conseille très vivement aux mathématiciens africains et internationaux aussi bien qu'à toute la communauté d'éducateurs.

This publication constitutes an example of how to value the African mathematical heritage and I recommend it very highly to the African and international mathematics and education community.

Aderemi Kuku
Président / President (1986-1995)
Union Mathématique Africaine (U.M.A.)
African Mathematical Union (A.M.U.)

INTRODUCTION

Les Tchokwe, un peuple du nord-est de l'Angola, sont bien connus pour leur merveilleux art de décoration, qui va de l'ornement des nattes et des paniers tressés, du travail du fer, de la céramique, de la gravure des calabasses et des tatouages aux peintures sur les murs des maisons et les dessins dans le sable. Leurs dessins dans le sable s'appellent *lusona* (pluriel *sona*). Ils se rapportent à des proverbes, à des fables, à des jeux, à des devinettes, à des animaux et ils jouent un rôle important dans la transmission des connaissances d'une génération à la suivante. Avec la pénétration et l'occupation coloniales la tradition *sona* a commencé à disparaître.

> The Tchokwe people of northeastern Angola are well known for their beautiful decorative art, ranging from the ornamentation of plaited mats and baskets, iron work, ceramics, engraved calabash fruits and tattooings, to paintings on house walls and sand drawings. Their drawings in the sand are called *lusona* (pl. *sona*). They refer to proverbs, fables, games, riddles, animals, etc. and used to play an important role in the transmission of knowledge from one generation to the next. Since the colonial penetration and occupation the *sona* tradition has been vanishing.

Mon livre "*Une tradition géométrique en Afrique — Les dessins sur le sable*" (L'Harmattan, 1995, 3 tomes, 594 p.) prétend:

* contribuer à la reconstruction de la connaissance mathématique que l'invention des *sona* impliquait;
* présenter quelques unes des possibilités éducatives et artistiques des *sona*;

* stimuler et développer l'étude des propriétés mathématiques de ces dessins comme un nouvel et attirant domaine de recherche;

c'est-à-dire, ils prétendent être une contribution à la renaissance et à la valorisation de l'héritage artistique et scientifique des Tchokwe.

> My book "*Une tradition géométrique en Afrique — Les dessins sur le sable*" ([*A geometrical tradition in Africa – The sanddrawings*] L'Harmattan, 1995, 3 volumes, 594 pp.) aims to:
>
> * contribute to the reconstruction of the mathematical knowledge that had been involved in the invention of the *sona*;
> * present some possible educational and artistic uses of *sona*;
> * stimulate and develop the study of the mathematical properties of these curves as a new and attractive research field;
>
> in short, they envisage contributing to the revival and valuing of the artistic and scientific heritage of the Tchokwe.

Dans "*Lusona: récréations géométriques d'Afrique*", je présente des problèmes , divertissements et jeux géométriques qui s'inspirent des dessins traditionnels des Tchokwe.

> In "*Lusona: geometrical recreations of Africa*", I present geometrical problems, diversions or recreations, inspired by the Tchokwe drawing tradition.

Après avoir donné, dans le chapitre 1, une brève information sur la tradition des *sona*, on présente, dans le chapitre 2, des problèmes du genre:

"Trouvez les figures qui manquent",

où, à chaque fois, certaines figures d'une série sont présentées et il s'agit d'en trouver d'autres. Dans d'autres problèmes on doit découvrir la *règle de construction* pour les modèles donnés et dessiner les figures qui manquent, en appliquant la même règle de construction et en utilisant les dimensions correctes.

> After having given some information on the *lusona* - tradition in Chapter 1, problems of the type
>
> 'Find the missing figures'
>
> are proposed in Chapter 2, where each time some figures of a series are given and one has to find others. One has to discover the *construction rule* for the given patterns and then draw the missing figures, applying the same construction rule and using the right dimensions.

Les modèles présentés sont conçus selon le style traditionnel des *sona*. Chacun d'eux se compose d'une seule ligne (fermée) qui "embrasse" les points du réseau en question.

> The given patterns are in the style of traditional *(lu)sona*. Each of them is made out of one (closed) line, that 'embraces' the dots of a reference frame.

Dans le chapitre 3 on présente un modèle à la fois et le lecteur est invité à construire sa propre série où le modèle donné surgit comme un de ces éléments.

> In Chapter 3, one pattern is given each time and the reader is invited to construct her/his own series in which the pattern given appears as one of its elements.

Enfin le lecteur est invité à inventer ses propres *sona* et séries de *sona*.

> Finally the reader is invited to invent her/his own *sona* and *sona* - series.

L'auteur espère que les lecteurs apprécieront ces récréations géométriques autant que lui, ses élèves et son auditoire pendant des séminaires et conférences, nationaux et internationaux.

The author hopes that the readers will enjoy these geometrical recreations as much as he, his students and his audience at national and international seminars and conferences have done.

Paulus Gerdes
Universidade Pedagógica
C.P.915
Maputo
Mozambique

CHAPITRE 1 / CHAPTER 1

INFORMATION GÉNÉRALE SUR LA TRADITION DES DESSINS SUR LE SABLE / GENERAL INFORMATION ON THE SAND DRAWING TRADITION

La tradition des dessins sur le sable appartient à l'héritage culturel des peuples Tchokwe, Lunda, Luena, Xinge et Minungo, qui habitent le nord-est de l'Angola.

> The sand drawing tradition belongs to the heritage of the Tchokwe, Lunda, Lwena, Xinge and Minungo peoples, that inhabit the northeastern part of Angola.

Au centre du village ou dans le campement de chasse, assis autour du feu ou à l'ombre des arbres feuillues, les Tchokwe passent leur temps dans des conversations qu'ils illustrent avec des dessins dans le sable. Ces dessins ils les appellent *lusona* (singulier) ou *sona* (pluriel). Beaucoup de ces dessins appartiennent à une vieille tradition.

> When the Tchokwe met at their central village places or at their hunting camps, they usually sat around a fire or in the shadow of leafy trees spending their time in conversations, illustrated by drawings in the sand. These drawings are called *lusona* (singular) or *sona* (plural). Most of these drawings belong to an old tradition.

Chaque garçon apprend la signification et la façon de faire les dessins les plus simples pendant la phase intensive, "scolaire", de la circoncision et des rites d'initiation. La signification et l'élaboration des dessins les plus difficiles sont transmises par des spécialistes, appelés *akwa kuta sona* (ceux qui savent dessiner), à leurs fils.

Every boy learned the meaning and execution of the easier *sona* during the intensive schooling phase of the circumcision and initiation rites. The meaning and execution of more difficult *sona* was only known by specialists, the so called *akwa kuta sona* (those who know how to draw), who transmitted their knowledge to their sons.

Pour dessiner un *lusona*, les Tchokwe nettoient et lissent le sol en premier et ils tracent, ensuite, du bout des doigts, un réseau de points comme celui-ci (figure 1).

To draw a *lusona*, the Tchokwe first clean and smooth the ground and then set out with their fingertips a net of points, like this (Figure 1).

Figure 1

Les distances entre les deux points horizontalement ou verticalement voisins sont toutes identiques. Le nombre de files et de colonnes du réseau de points dépend du motif à représenter. Par exemple, pour représenter un coq il faudra quatre files de trois points (figure 2). Ce *lusona* se compose de trois lignes (sans prendre en compte les doigts du coq).

The distances between two horizontal or vertical neighbouring points are all the same. The number of rows and columns depends on the motif to be represented. For example, in order to represent a cock, one needs four rows of three points (Figure 2). This *lusona* is made out of three lines (not taking into account the feet of the cock).

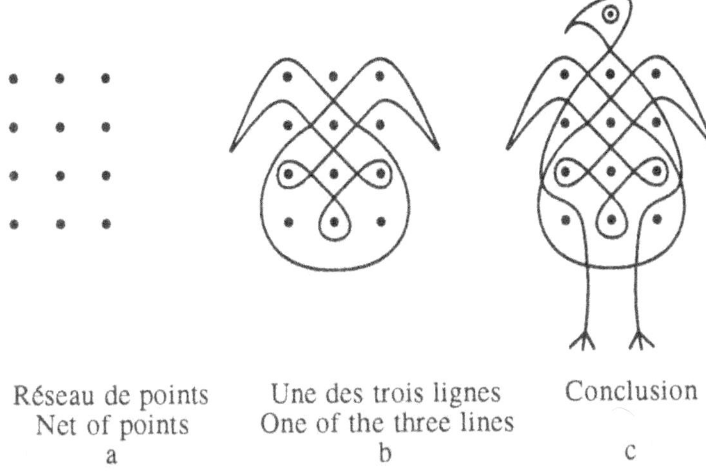

Réseau de points
Net of points
a

Une des trois lignes
One of the three lines
b

Conclusion

c

Dessin représentant un coq / Representation of a cock
Figure 2

Entre les Tchokwe, les dessins symétriques et les *sona* composés d'une seule ligne étaient très populaires. La représentation des pattes de l'antilope (figure 3) en est un exemple.

> Symmetrical drawings and *sona* composed of only one closed line were very popular among the Tchokwe. The representation of the trace of an antelope (Figure 3) gives an example.

La tradition des *sona* a commencé à se dégrader avec la pénétration et l'occupation coloniales. Des missionnaires et des ethnographes ont recueilli des *sona* et, de ce fait, ils les ont sauvés de l'oubli. La plus grande collection de *sona* a été publiée par Fontinha. Son livre contient 287 dessins Tchokwe différents, recueillis dans les années 40 et 50. Déjà à cette époque il a été difficile de recueillir des *sona*; il n'y avait que certains vieux connaissant le "secret" des dessins les plus compliqués et ce n'était pas très facile de les convaincre de faire ces *sona* parce que, selon eux, malgré leur habilité d'autrefois dans cet art, ils avaient plus ni la mémoire ni la vue pour les faire. Il faut souligner que les dessins devaient être faits doucement et de façon continue, puisque, hésiter ou s'arrêter au milieu, était consideré comme un signe d'imperfection, qui provoquerait, chez les spectateurs, des sourires ironiques.

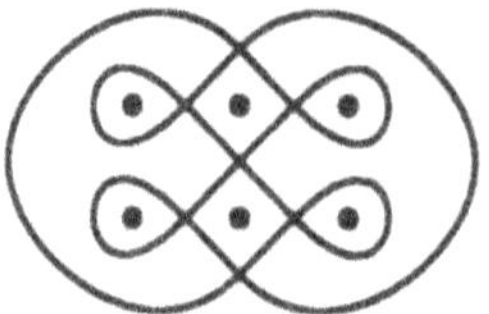

La trace de l'antilope / Trace of an antelope
Figure 3

With the colonial penetration and occupation the *lusona* - tradition began to disappear. Some missionaries and ethnographers collected *sona* and saved them for posterity. The major collection of *sona* was published by Fontinha. His book contains 287 different Tchokwe drawings, collected in the 1940s and 1950s. Already at that time it was difficult to collect many *sona*. Very few men knew more than half a dozen *sona*. Only a few old men knew the 'secret' of the more complicated drawings and it was not easy to convince them to execute those *sona* as they said that formerly they had been more skillfull and apt at this art. It is important to underline that the designs have to be execute smoothly and continuously as any hesitation or stopping halfway on the part of the drawer is interpreted by the audience as an imperfection and lack of knowledge, and reacted to with an ironic smile.

CHAPITRE 2 / CHAPTER 2

TROUVEZ LES FIGURES QUI MANQUENT / FIND THE MISSING FIGURES

2.1 Premier exemple / First example

Dans ce cas (voir figure 1), le deuxième et le troisième éléments d'une série de figures sont donnés. La tâche consiste à trouver le premier, le quatrième et le cinquième éléments de la série.

In this case (see Figure 1) the second and third element of a series of figures are given. The task consists of finding the first, fourth and fifth element of this series.

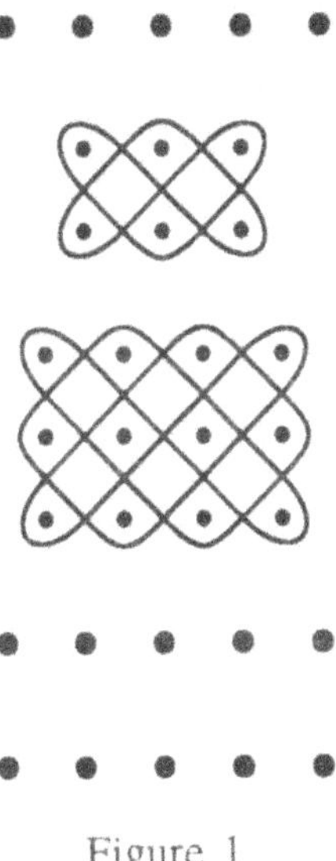

Figure 1

Les deux patrons se dessinent de la même façon. Chacun d'eux se compose d'une ligne fermée qui, soit avant ou après un virage, fait des angles de 45° avec les côtés du réseau de points (voir figure 2).

Both given patterns are drawn in the same way. Each of them is composed of one closed line, that forms both before and after a reflection angles of 45° with the sides of the reference frame (see Figure 2).

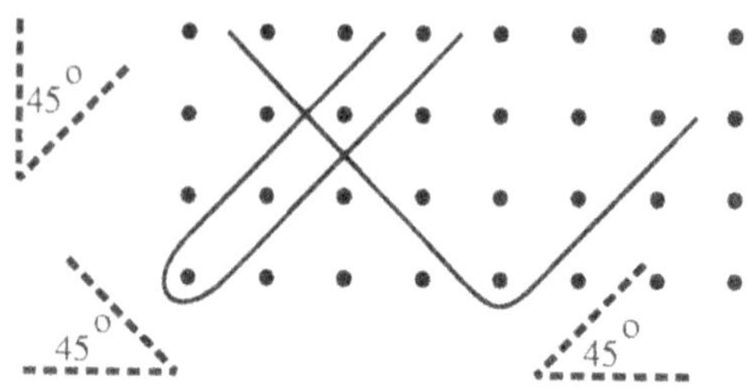

Figure 2

Pour "sentir la règle du dessin dans les doigts", copiez les modèles dans du papier transparent.

To 'feel the drawing rule in your fingers', copy the patterns on transparent paper.

Dessinez les deux modèles sur du papier quadrillé, en commençant par signaler le réseau de points. Pour le deuxième élément on nécéssite deux files de trois points chacun; pour le troisième élément, trois files de quatre points (figure 3).

Draw now both designs on squared paper, marking first the rows of dots. For the second element of the series one needs two rows of three dots. For the third element, one needs three rows of four dots (Figure 3).

La suite naturelle sera:

* Pour le quatrième élément il faudra quatre files de cinq points;
* pour le cinquième élément il faudra cinq files de six points, etc.

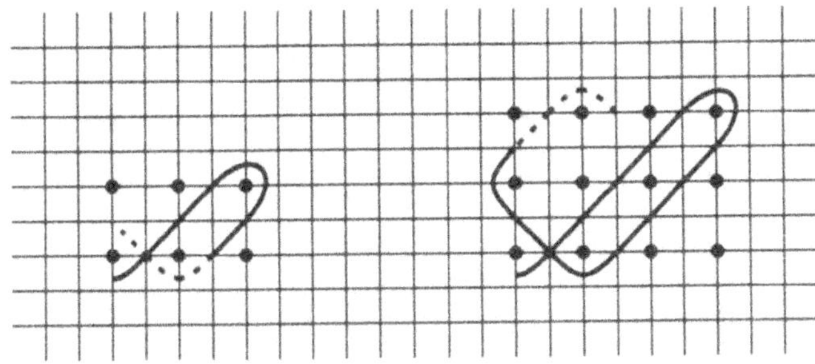

Figure 3

The natural continuation will be:

* For the fourth element one needs four rows of five dots;
* for the fifth element one needs five rows of six dots, etc.

Dessinez le quatrième élément (figure 4).

Draw the fourth element (Figure 4)

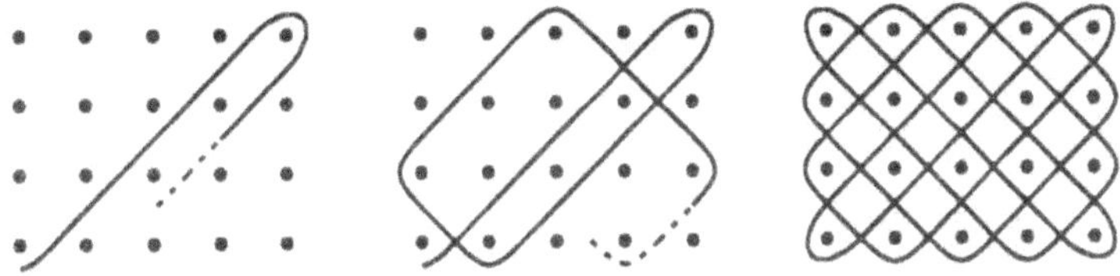

Figure 4

Dessinez le cinquième élément (figure 5).

Draw the fifth element (Figure 5).

Et le premier élément? Comment sera-t-il?

And what about the first element?

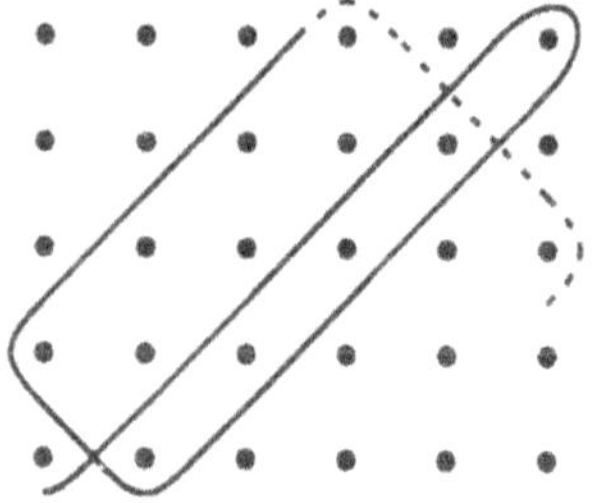
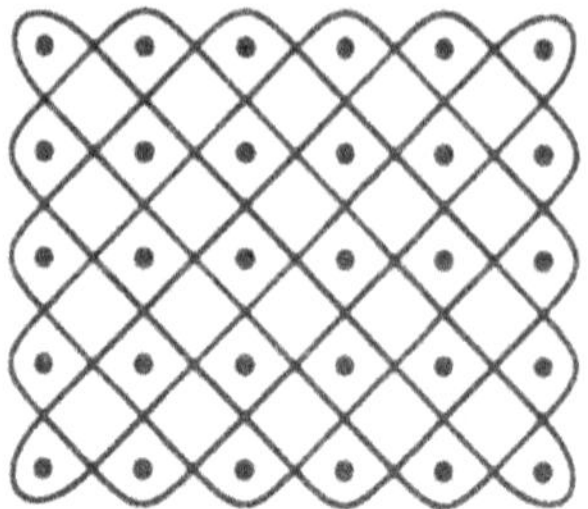

Figure 5

Pour le premier élément on aura besoin d'une file de deux points et en appliquant cette même règle de dessin, on obtient la figure suivante comme premier élément de la série (figure 6).

For the first element one needs one row of two dots and by applying the same drawing rule, one obtains the following first element of the series (Figure 6).

Figure 6

2.2 Deuxième exemple / Second example

Le deuxième et le quatrième éléments de cette série (figure 7) sont des *sona* traditionnels des Tchokwe et ils représentent les traces laissées dans le sol par le coq quand il est poursuivi. Le lecteur voit les zig-zag du coq pour échapper?

The second and fourth elements of this series (Figure 7) are traditional Tchokwe *sona* and they represent the marks left on the ground by a chicken when it is chased. Do you see how the chicken zigzags to flee its chasers?

Dans le cas du deuxième élément, le réseau de points se compose de cinq files de six points.

Figure 7

In the case of the second element the reference frame is made out of five rows of six dots.

Dans le cas du quatrième élément, le réseau se compose de neuf files de dix points.

In the case of the fourth element the reference frame is composed of nine rows of ten dots.

Le nombre de points dans chaque file est égal au nombre de files plus un. A son tour, le nombre de files est égal au double du nombre de la figure plus un: 5 = 2x2 + 1 et 9 = 2x4 + 1.

The number of dots in each row is one higher than the number of rows. The number of rows is equal to double the number of the figure plus one: 5 = 2x2+1, and 9 = 2x4 + 1.

Maintenant on peut deviner que pour le premier élément de la série on a besoin de 2x1 + 1, c'est-à-dire, de trois files (de quatre points).

One may guess that for the first element of the series, one needs 2x1 + 1, that is three rows (of four dots each).

De la même façon, pour le troisième élément il faut 2x3 + 1, c'est-à-dire, de sept files (de huit points), et, pour le cinquième élément de 2x5 + 1, c'est-à-dire, de 11 files de 12 points.

In the same way, for the third element 2x3 + 1, or seven rows (of eight points) and for the fifth element 2x5 + 1, or 11 rows of 12 points.

Nous arrivons au moment de pouvoir tracer les réseaux de points. Pour pouvoir dessiner le premier, le troisième et le cinquième éléments de la série, il ne reste qu'à connaitre la règle de construction.

At this stage we are able to mark the reference frames. In order to draw the first, third and fifth elements of the series, we only need to know the drawing rule.

Copiez le deuxième élément sur papier transparent, en commmençant le dessin par le premier zig-zag à droite (voir figure 8).

Copy the second element on transparent paper, starting with the first large zigzag on the right (see Figure 8).

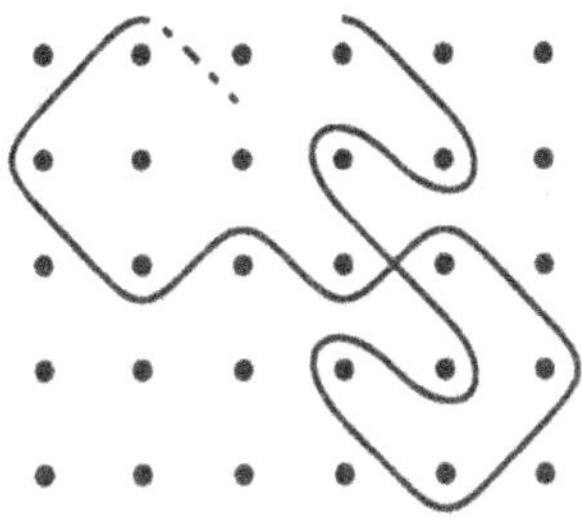

Figure 8

Copiez de la même façon le quatrième élément (figure 9).

Copy the fourth element in the same way (Figure 9).

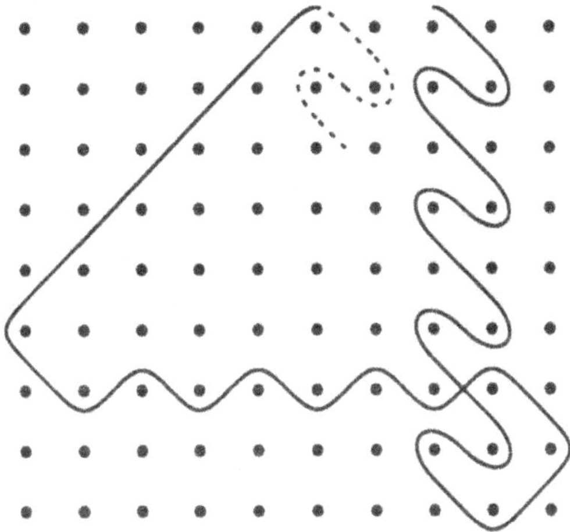

Figure 9

Dessinez les deux modèles sur du papier quadrillé.

Draw now both given patterns on squared paper.

Sentez-vous déjà le règle "au bout des doigts"?

Have you developed a feeling for this drawing rule yet?

Dessinez, maintenant le troisième et le quatrième éléments de la série de *sona*.

Now draw the missing first, third and fifth elements of the *lusona* - series.

Terminez avec le premier élément (voir figure 10).

Finish with the first element (see Figure 10).

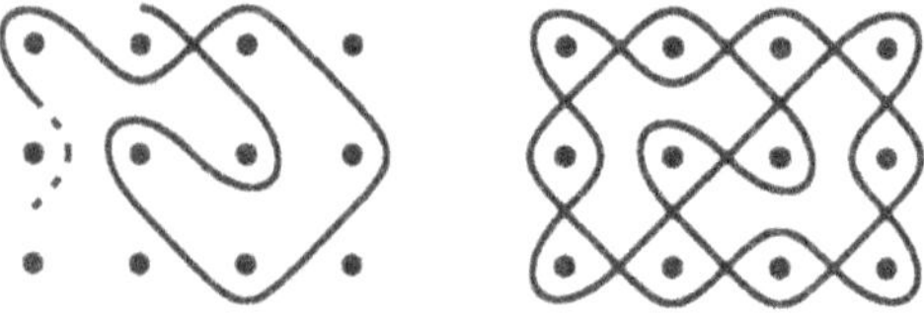

Figure 10

Maintenant, essayez vous-même. A partir de la page 26, à chaque page, est présentée une série de figures où il manque une ou plusieurs figures. Vous devez essayer de trouver les figures qui manquent dans l'ordre qui vous convient le mieux. Il est probable que les dessins de la première partie soient plus faciles que les suivantes.

Now try it yourself. From page 26 onwards, a series of figures is presented on each page, where one or more figures are missing. You may try to find the missing figures in any order you like. Probably the recreations in the first part are easier than those coming later on.

Amusez-vous bien!

Enjoy yourself!

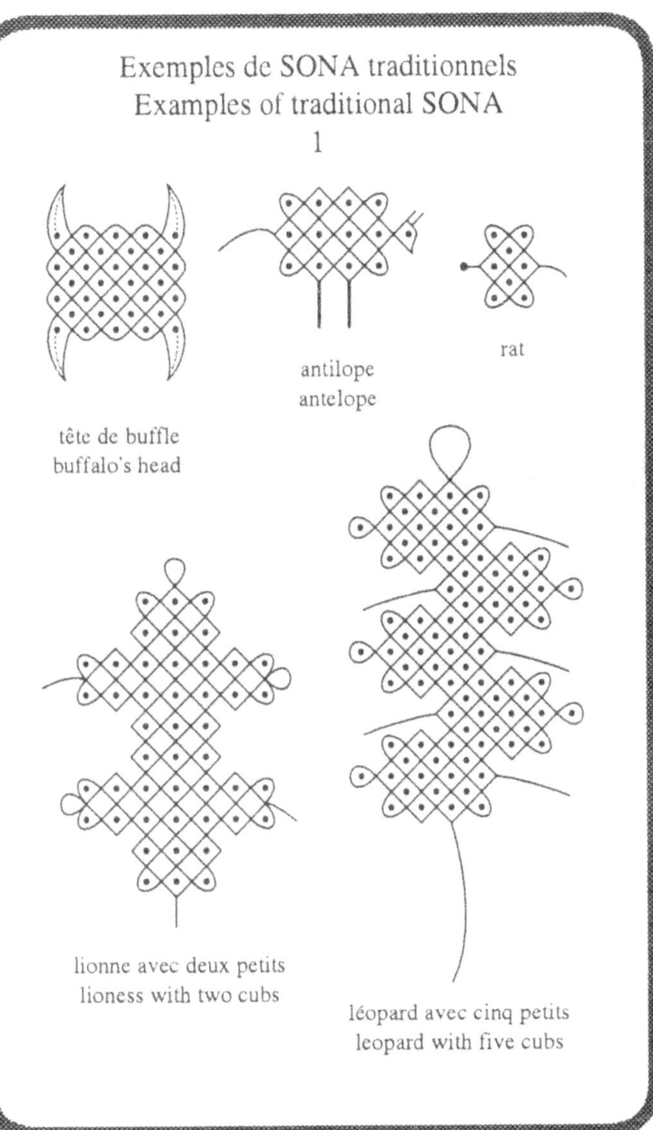
Exemples de SONA traditionnels
Examples of traditional SONA
1
tête de buffle
buffalo's head
antilope
antelope
rat
lionne avec deux petits
lioness with two cubs
léopard avec cinq petits
leopard with five cubs

2.3 Récréations / Recreations

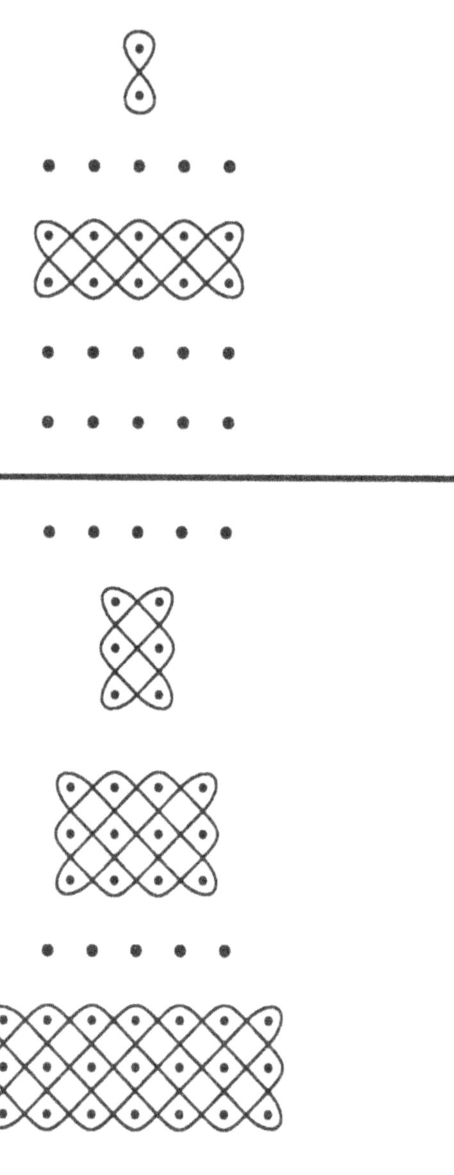

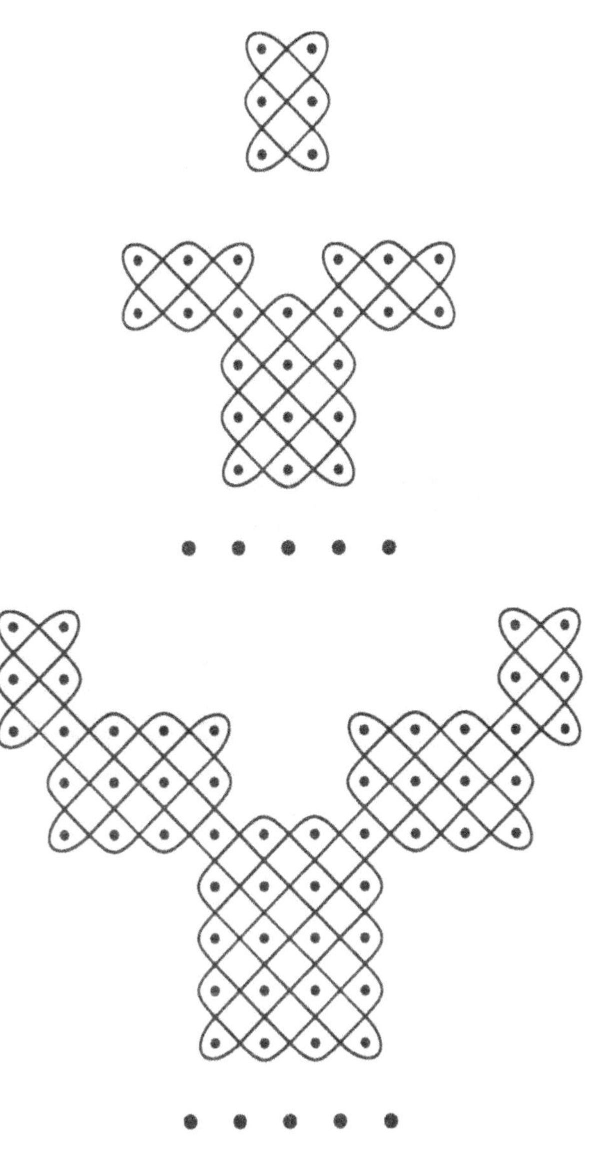

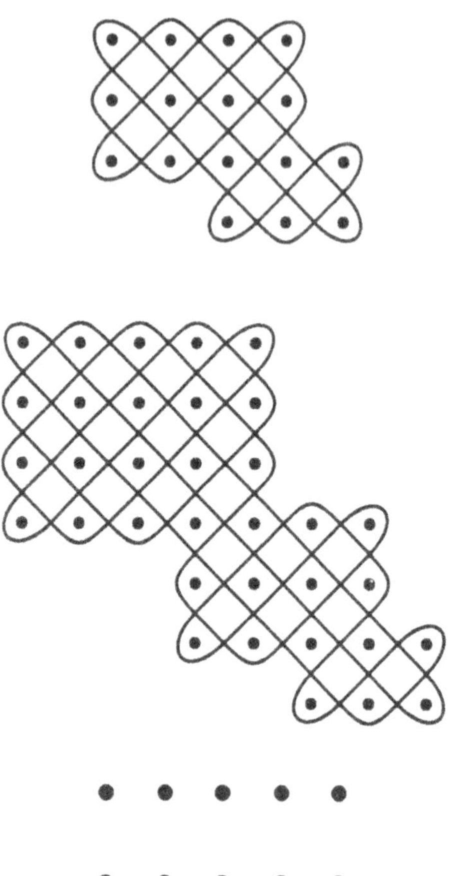

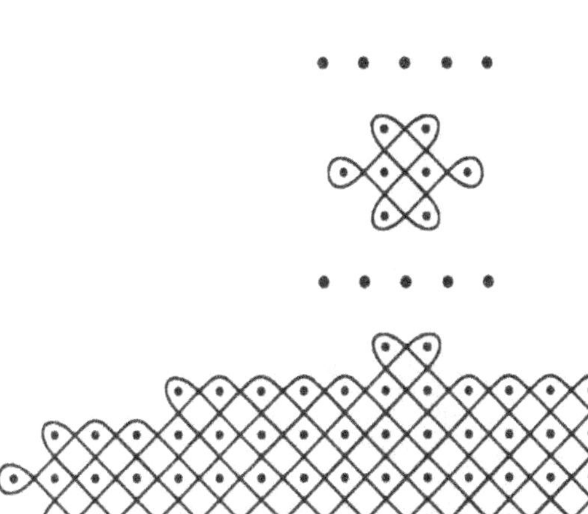

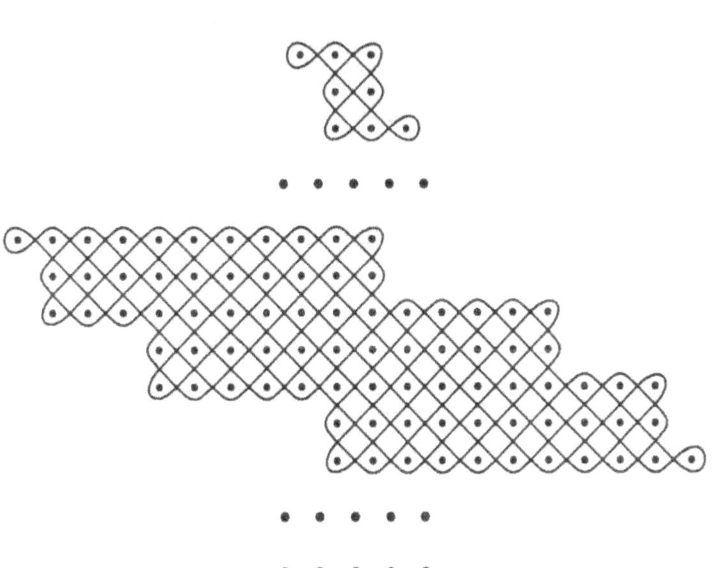

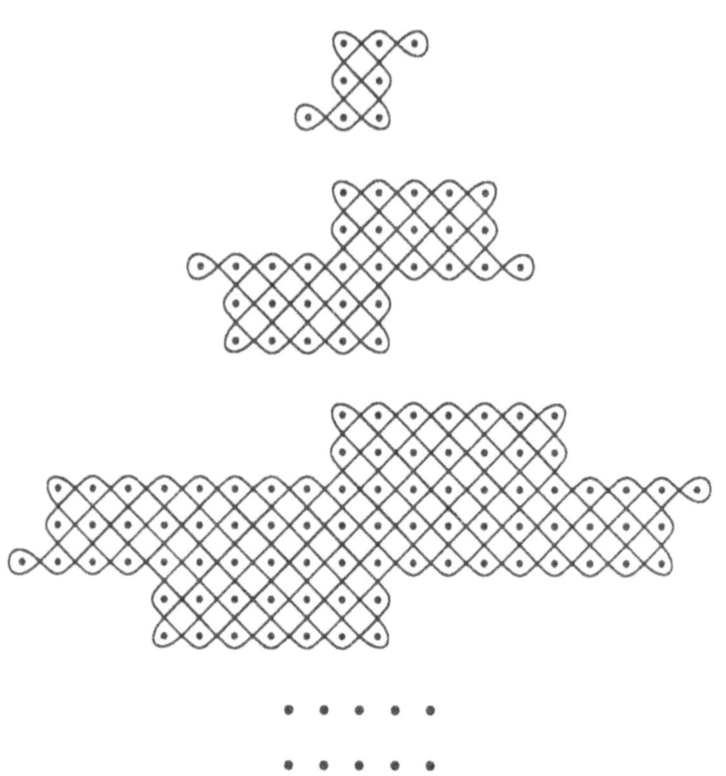

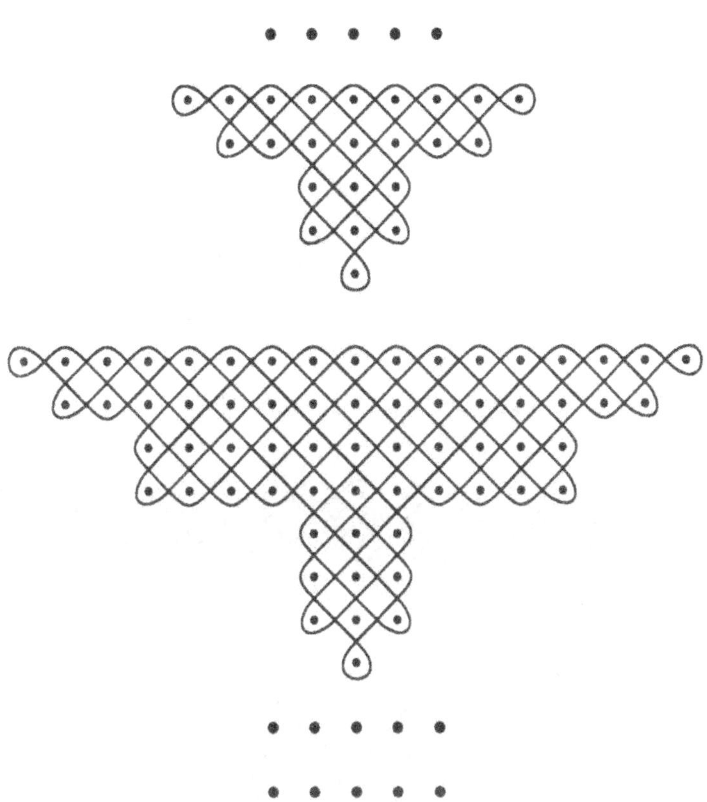

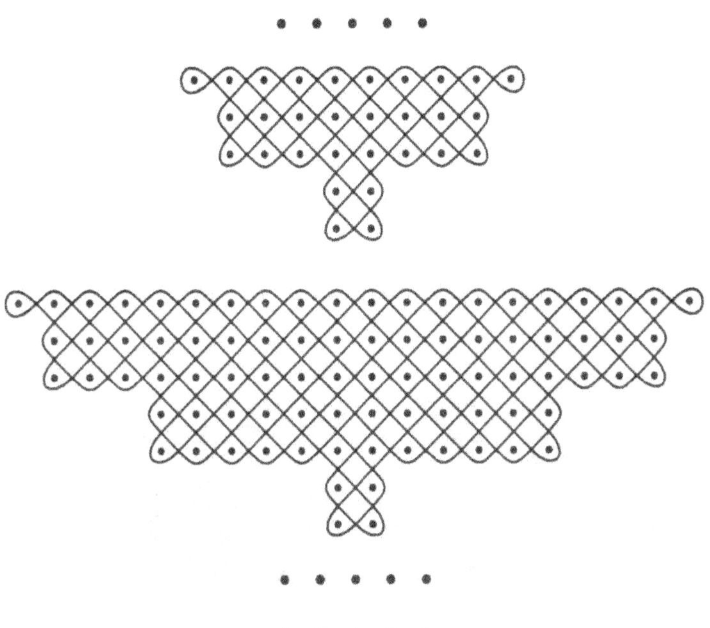

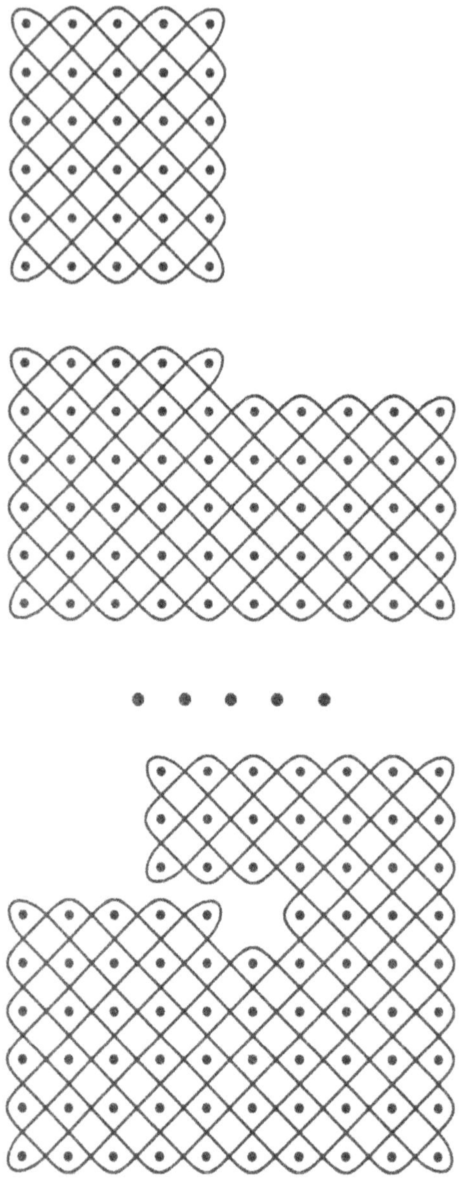

Exemples de SONA traditionnels
Examples of traditional SONA
2

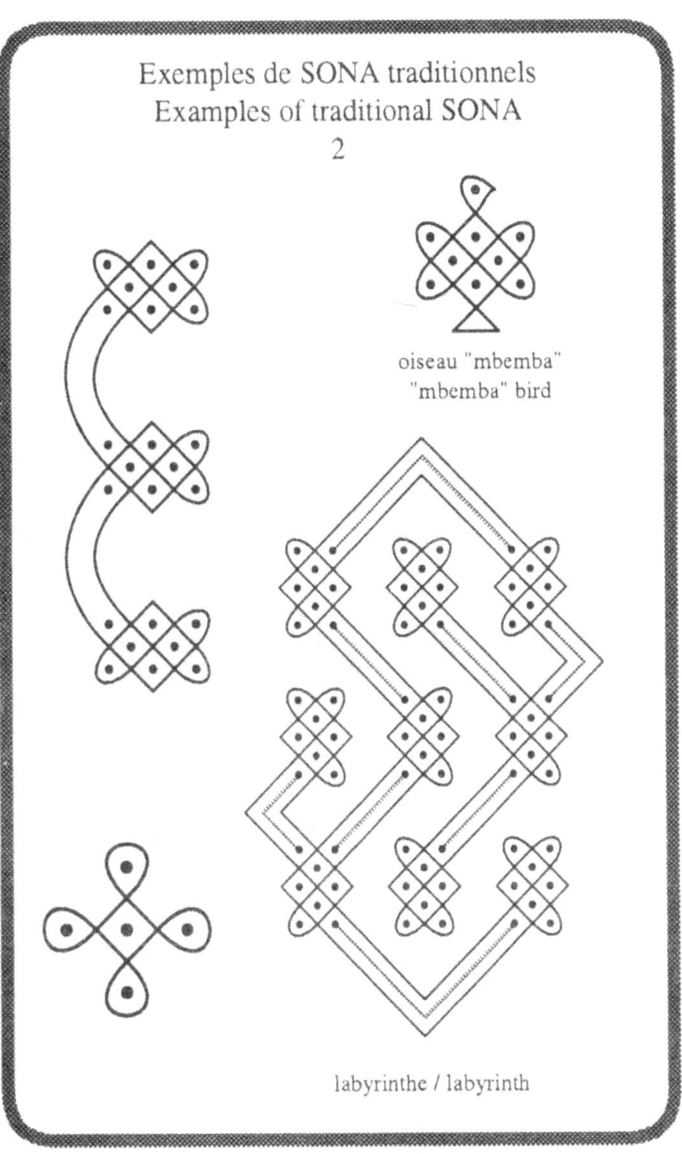

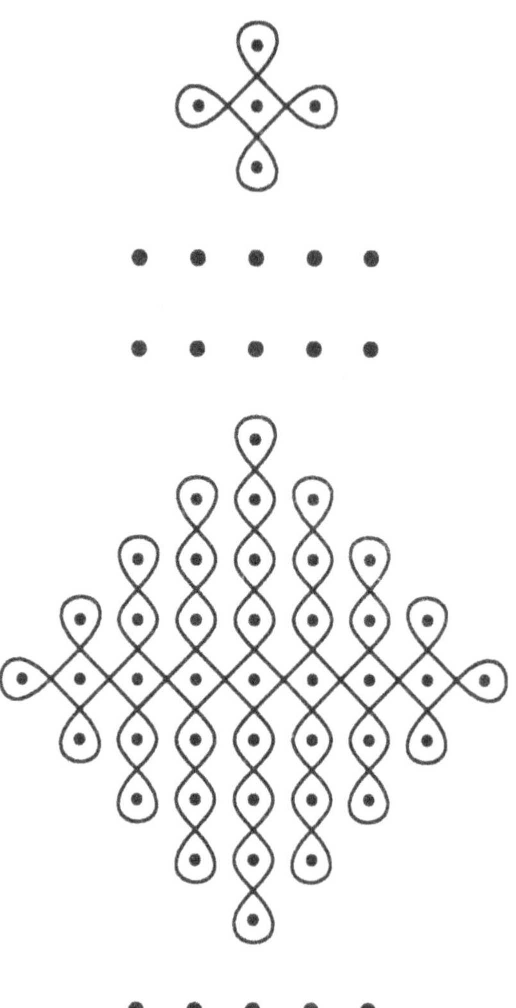

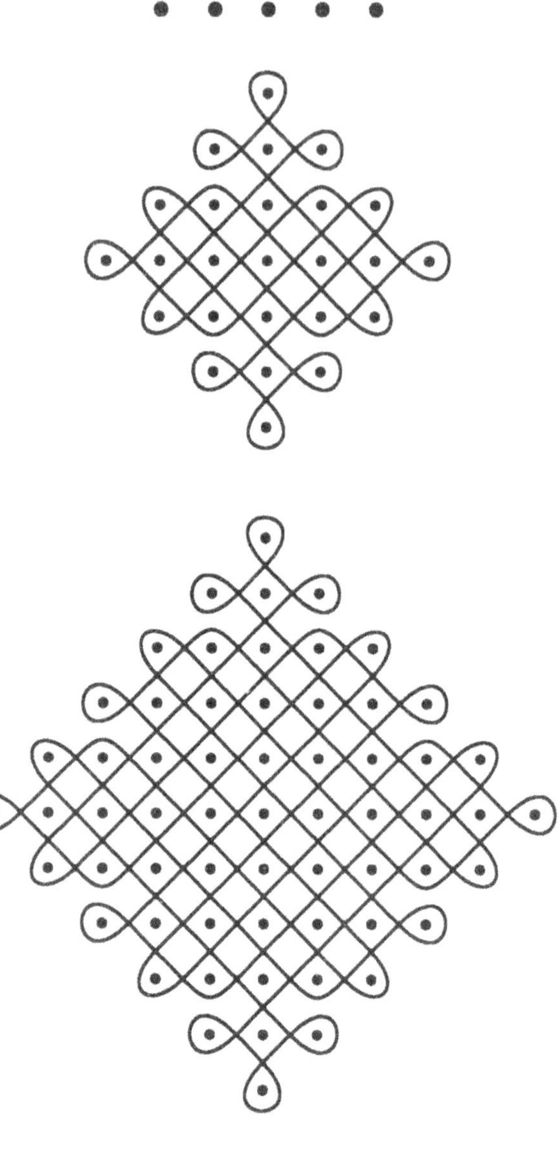

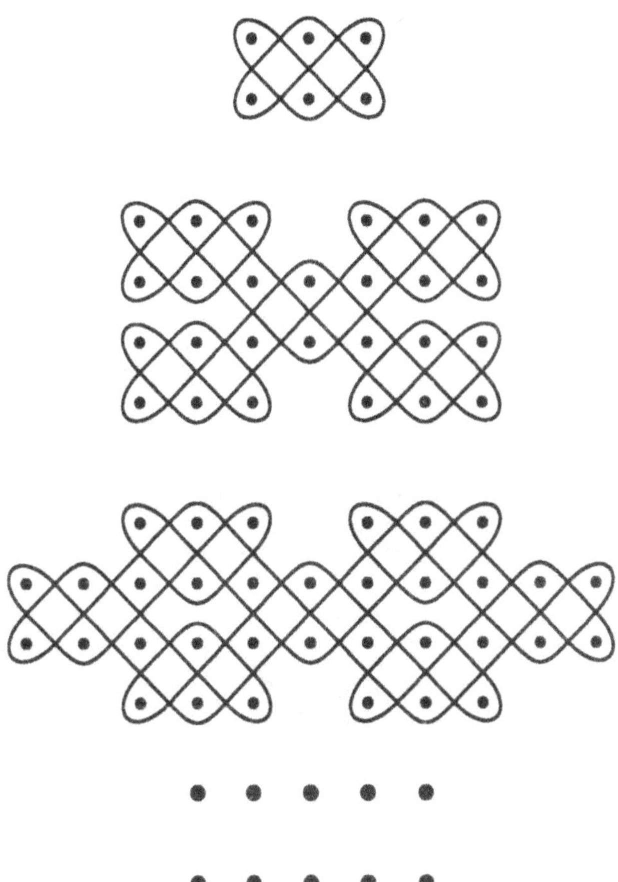

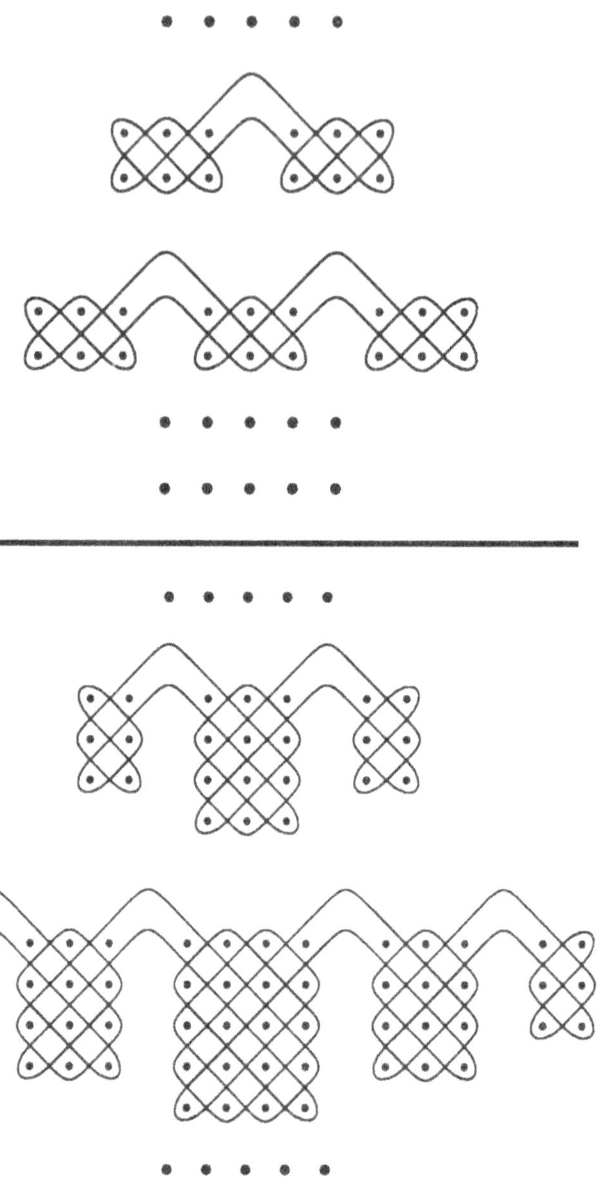

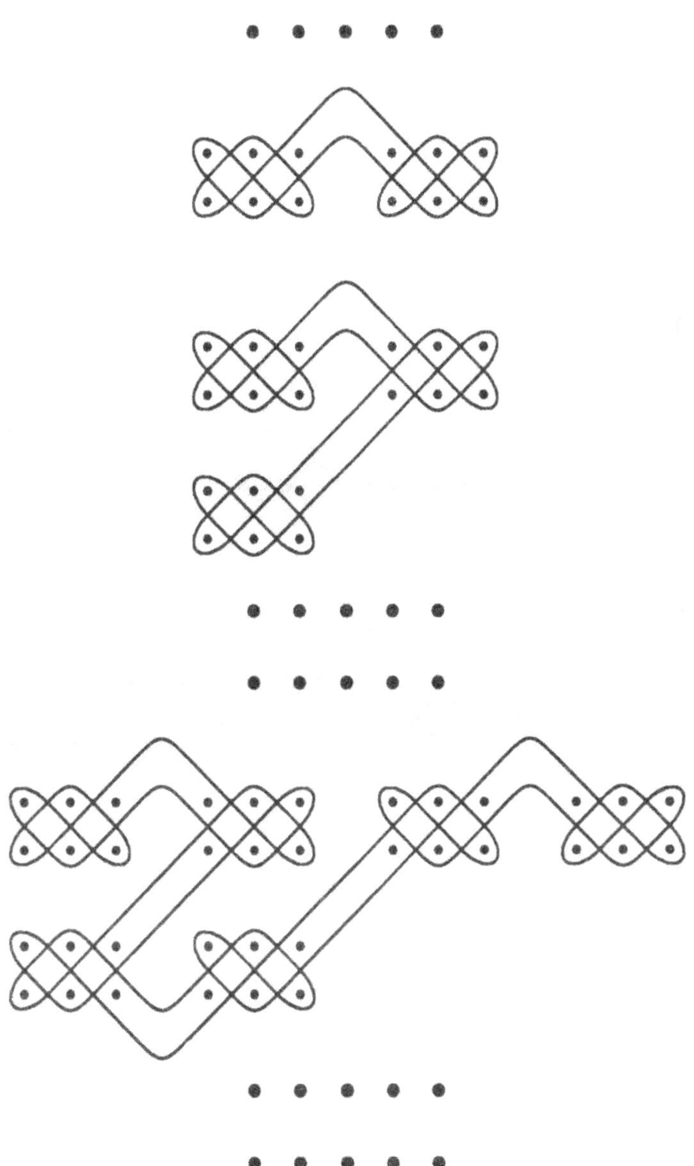

Exemples de SONA traditionnels
Examples of traditional SONA

3

une poule en fuyant
chased-chicken's path

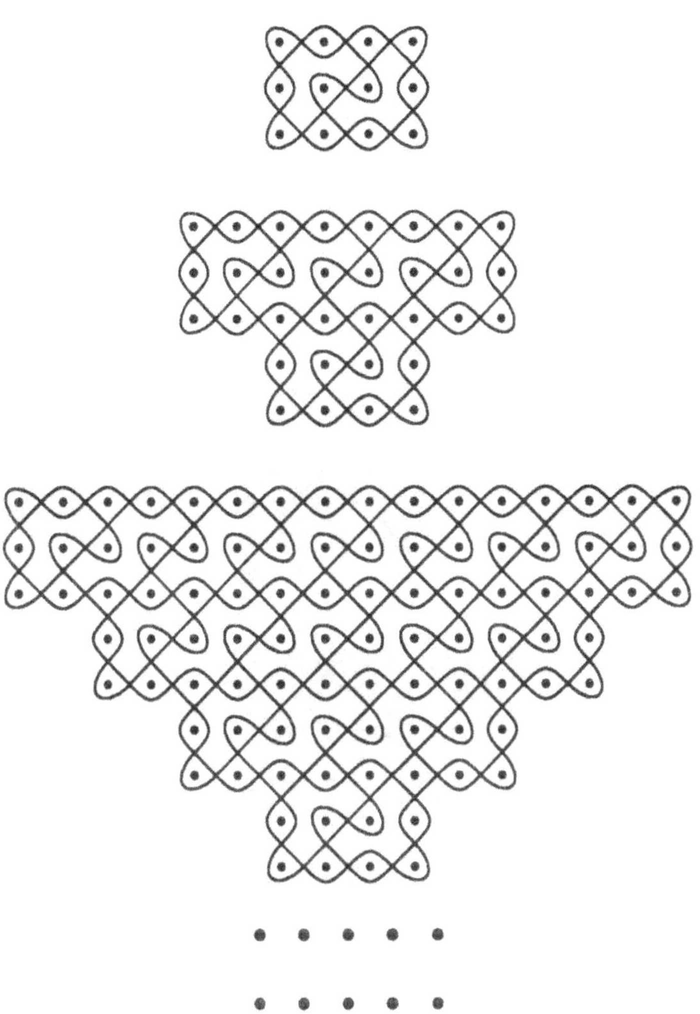

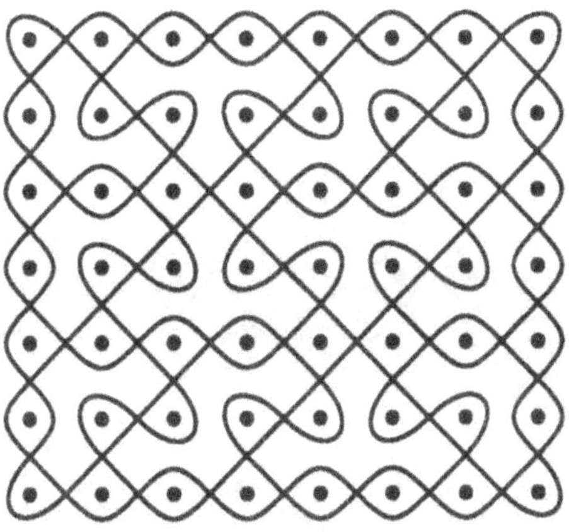

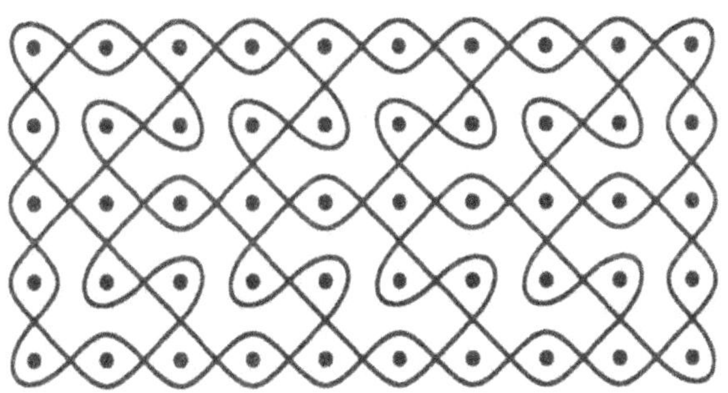

Exemples de SONA traditionnels
Examples of traditional SONA
4

estomac d'un lion
lion's stomach

scorpion

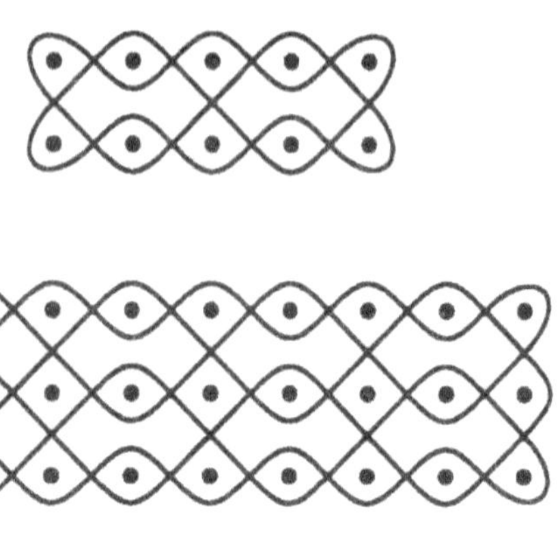

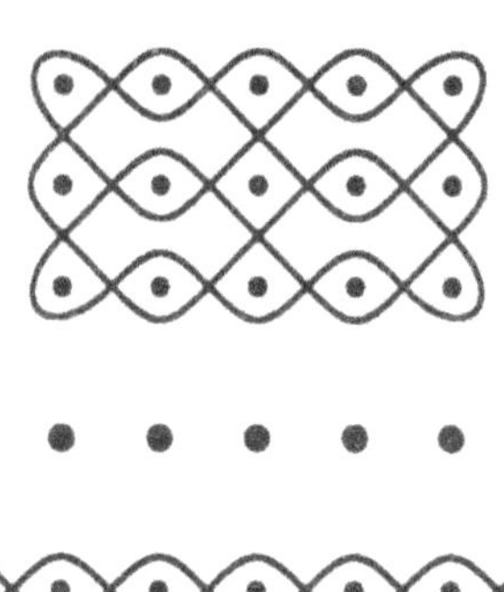

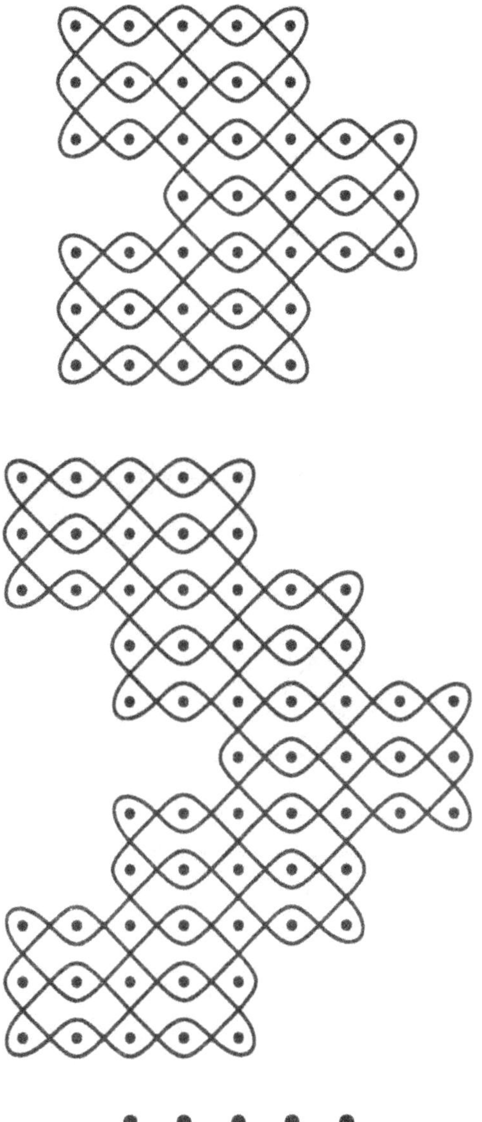

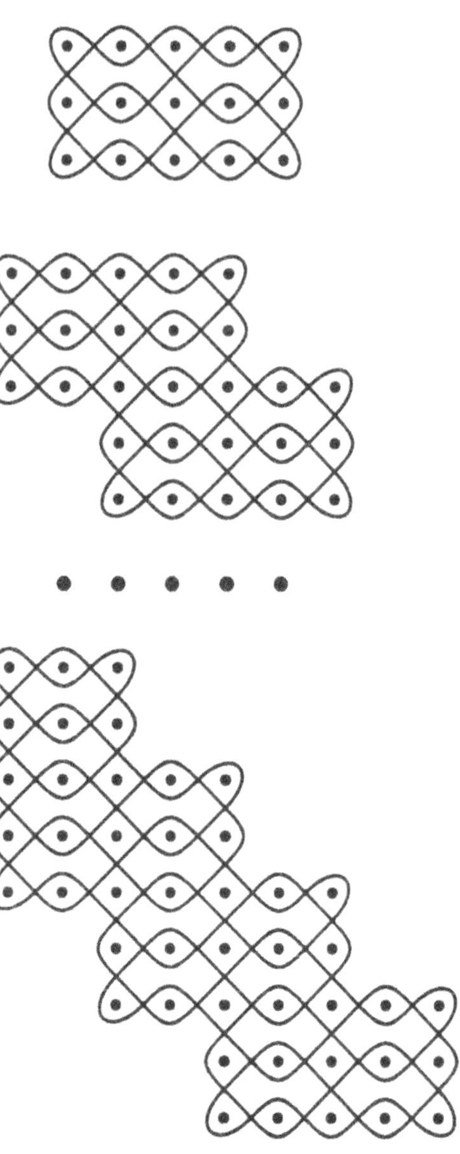

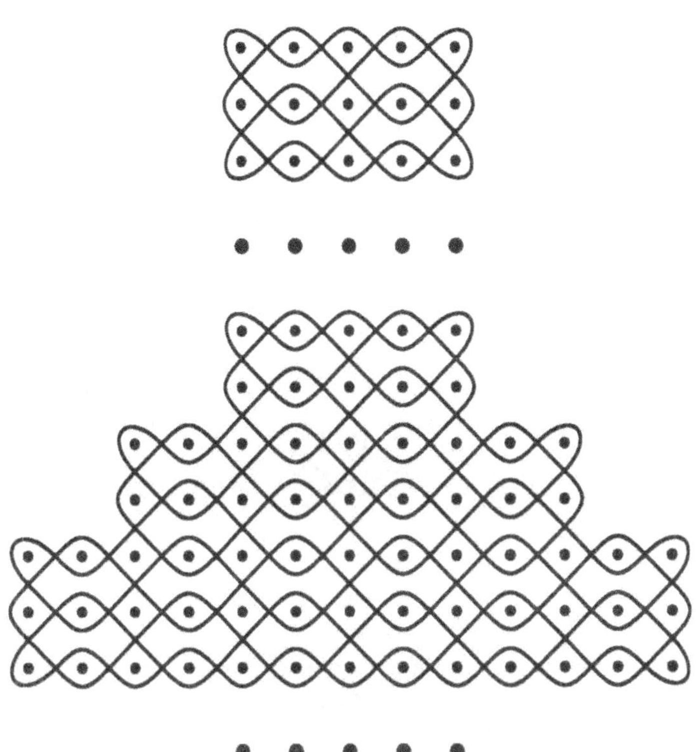

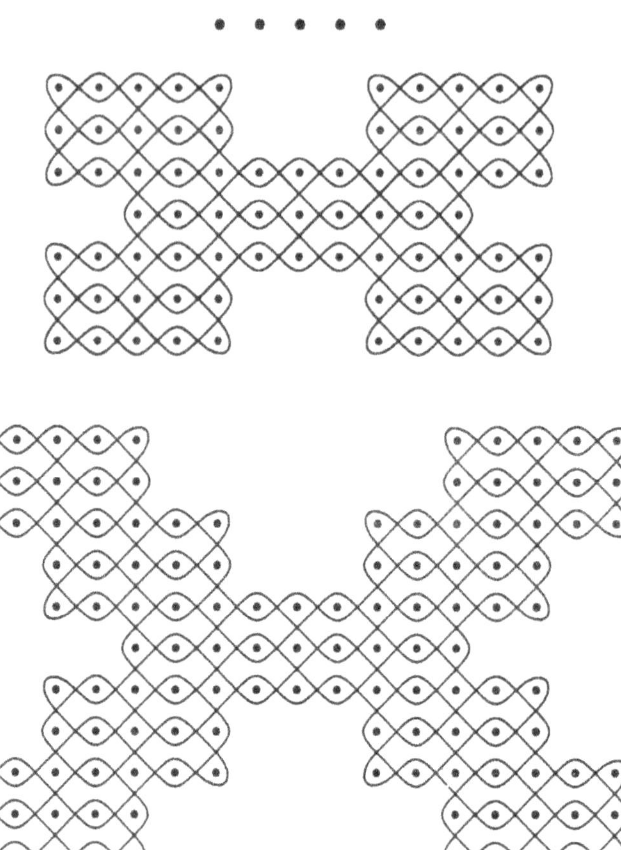

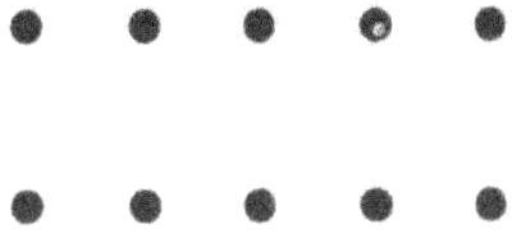

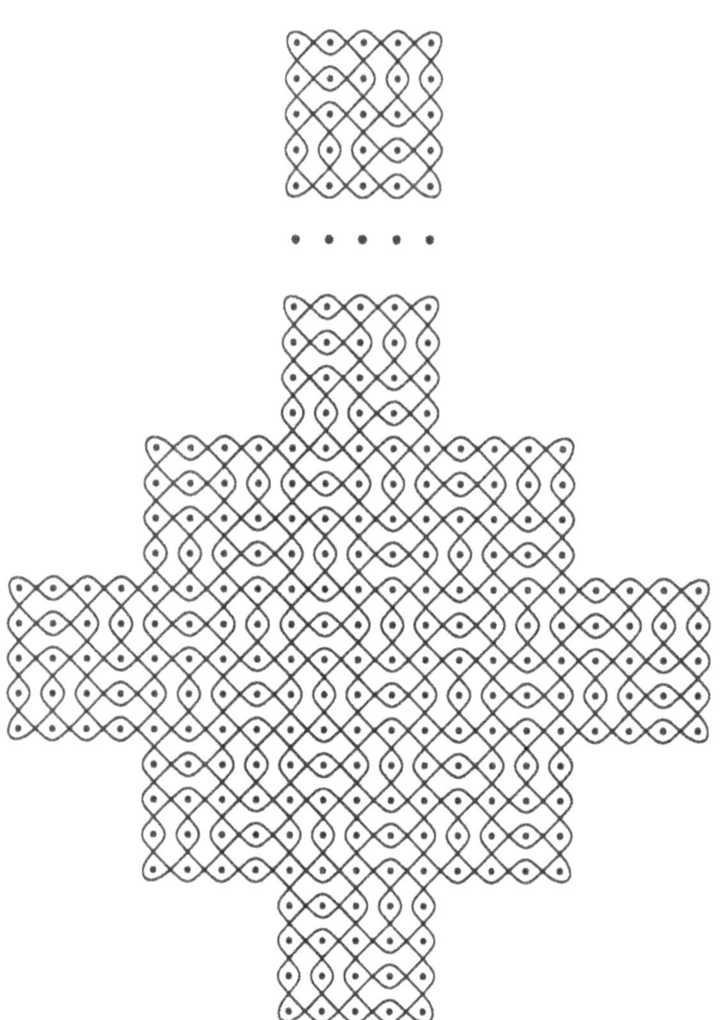

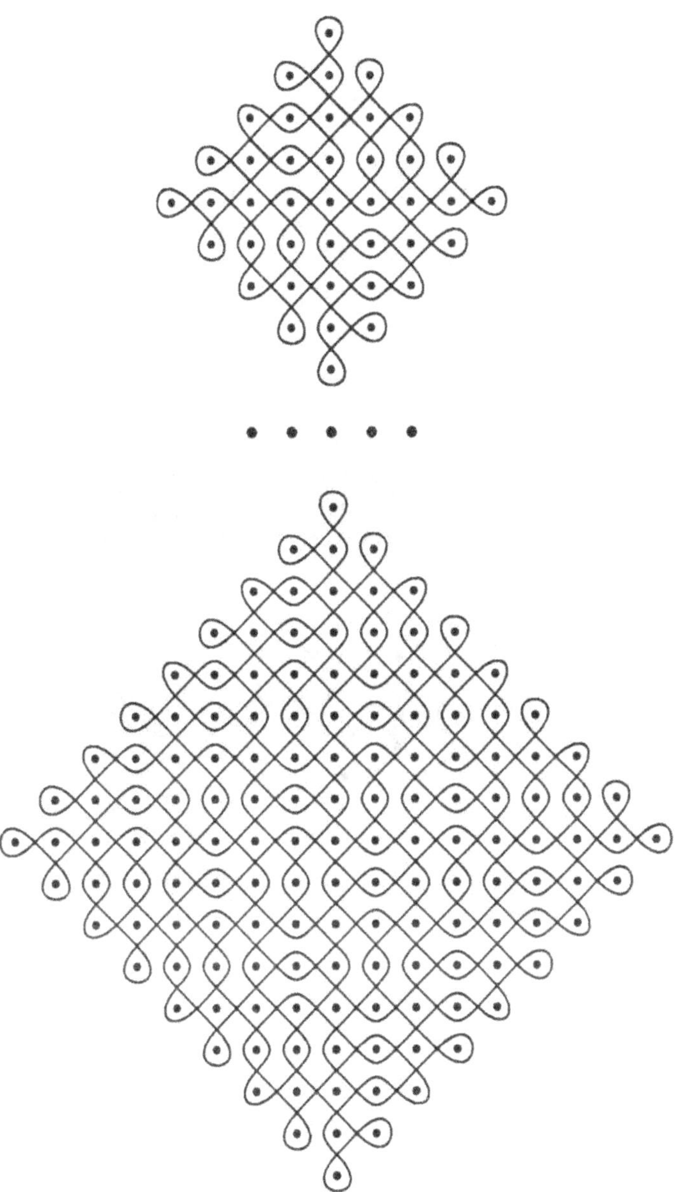

Exemples de SONA traditionnels
Examples of traditional SONA
5

insecte "misepe"
"misepe" insect

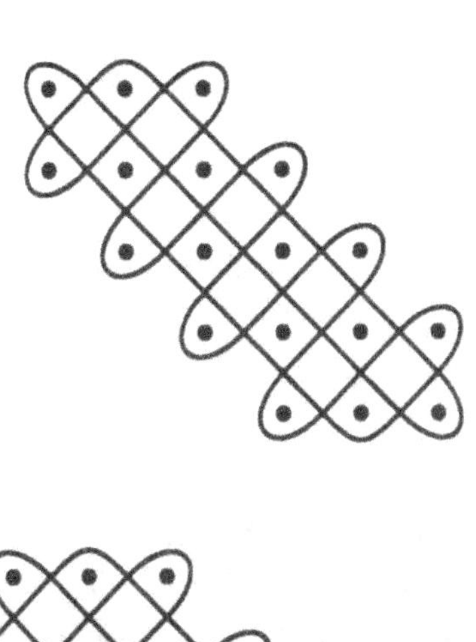

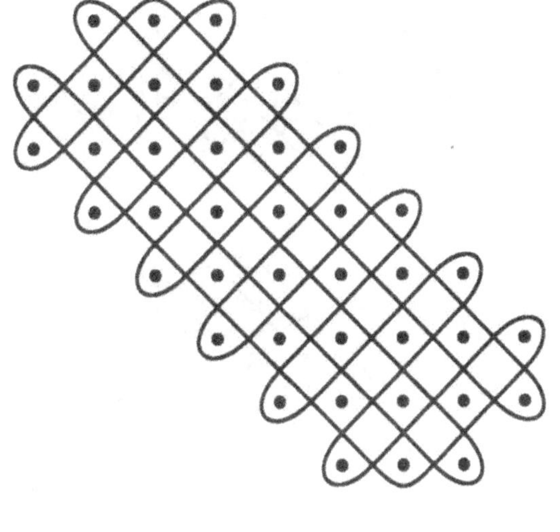

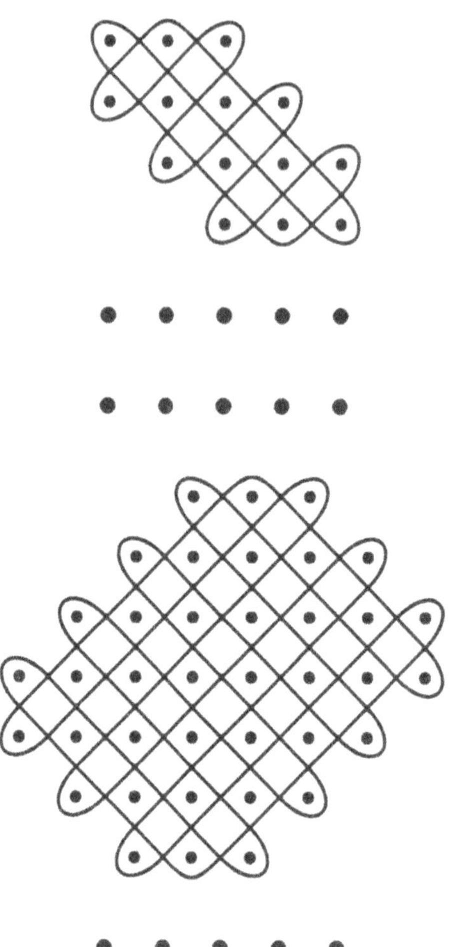

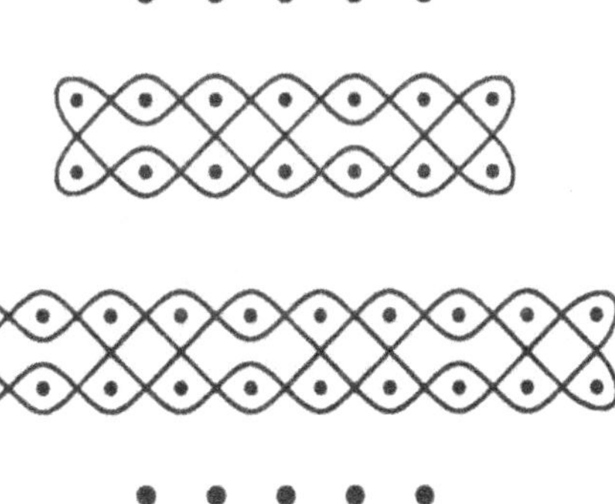

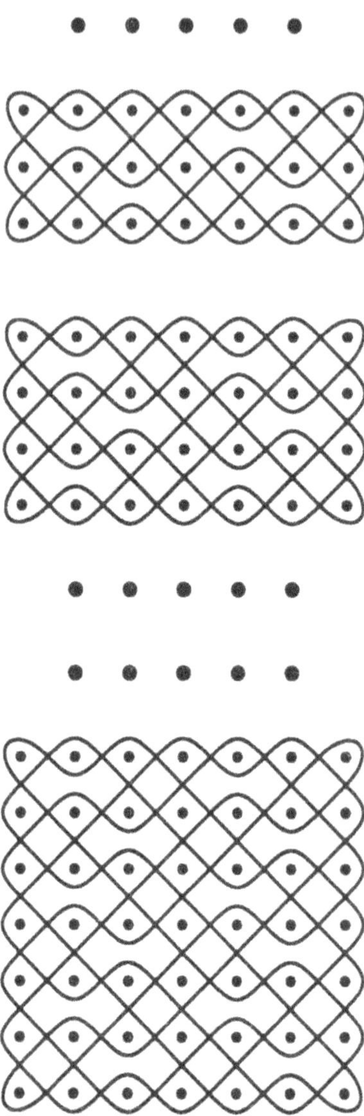

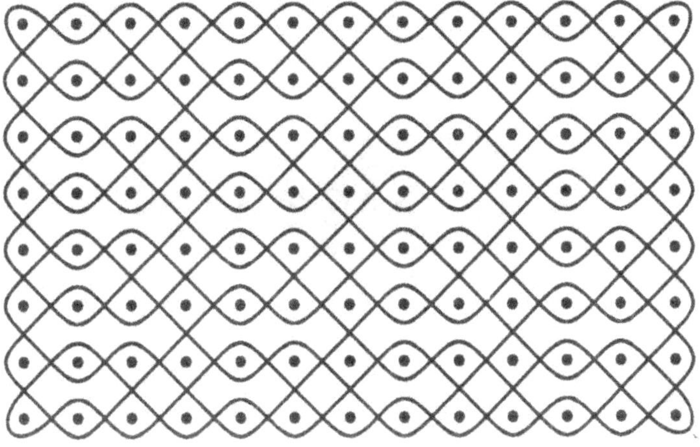

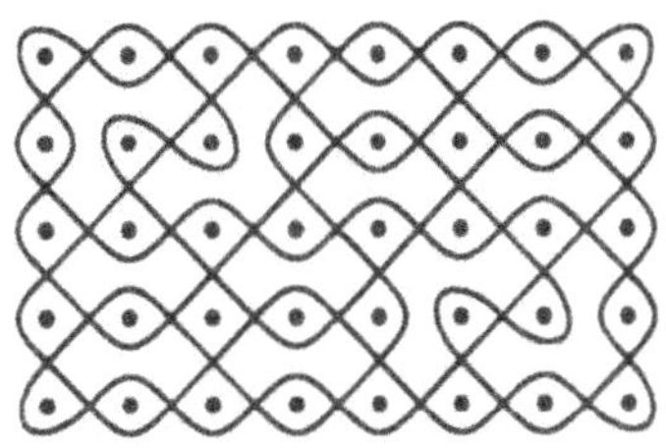

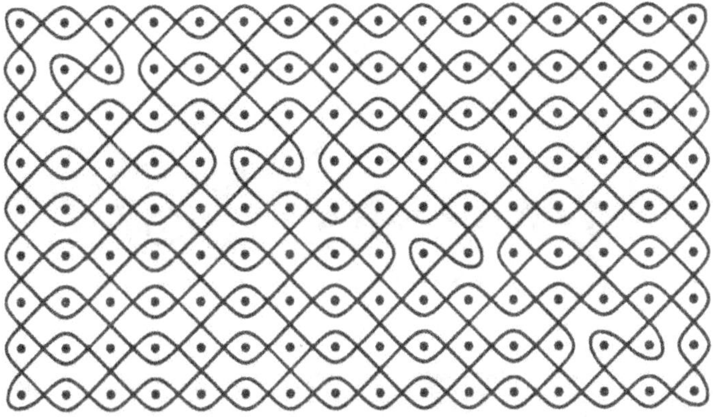

• • • • •

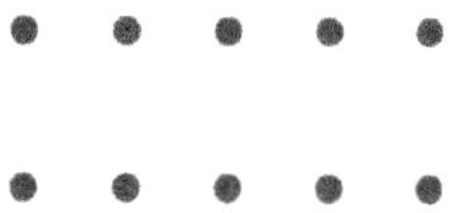

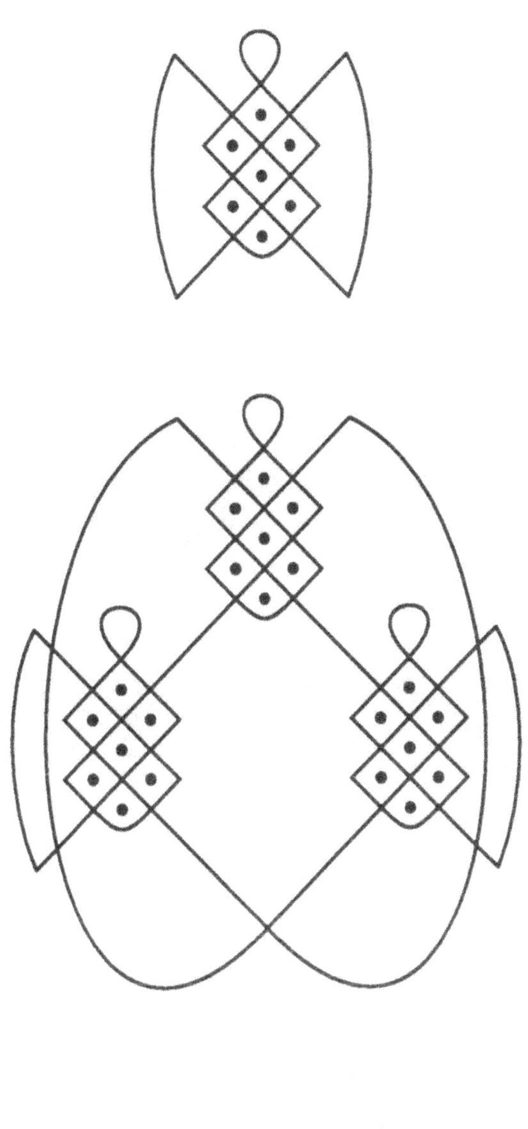

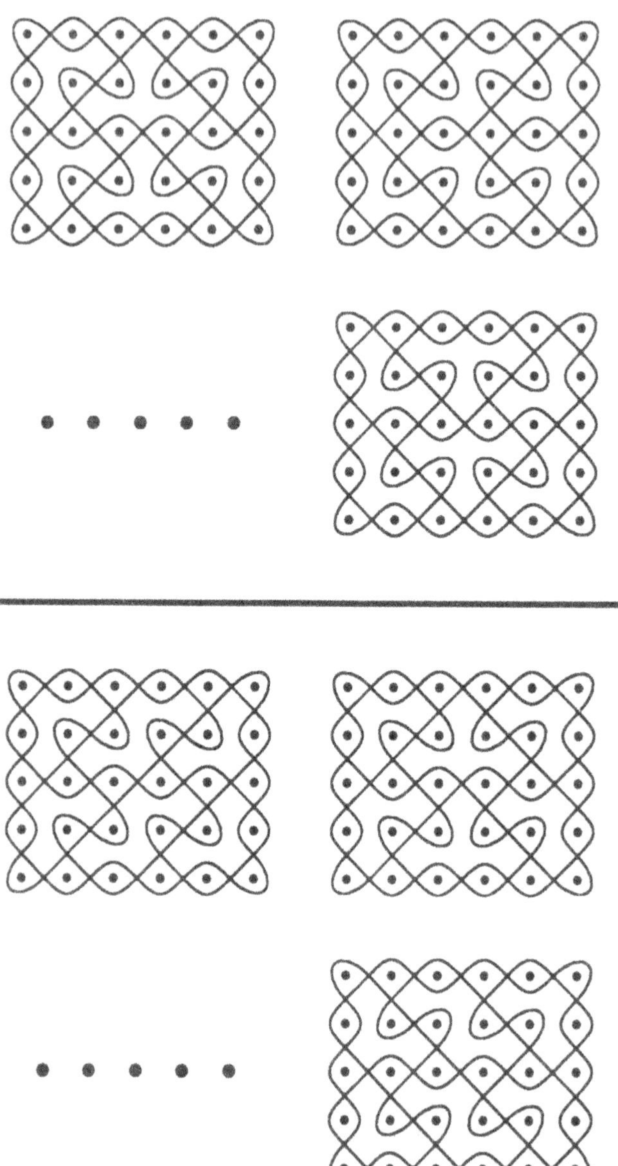

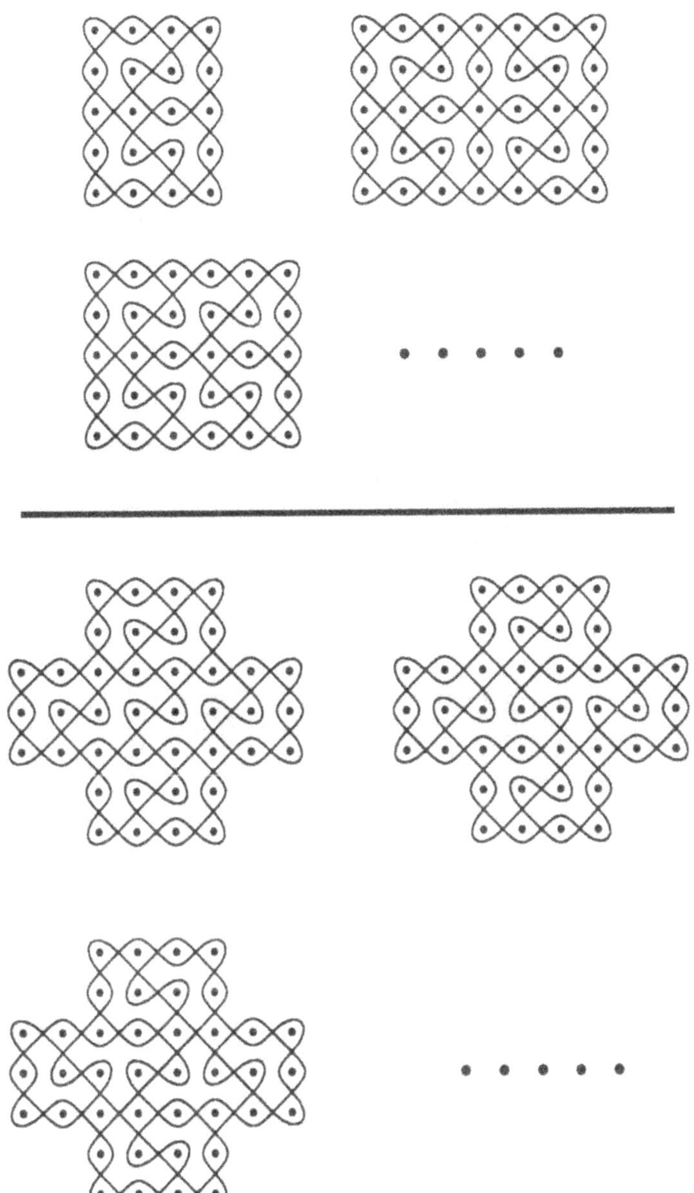

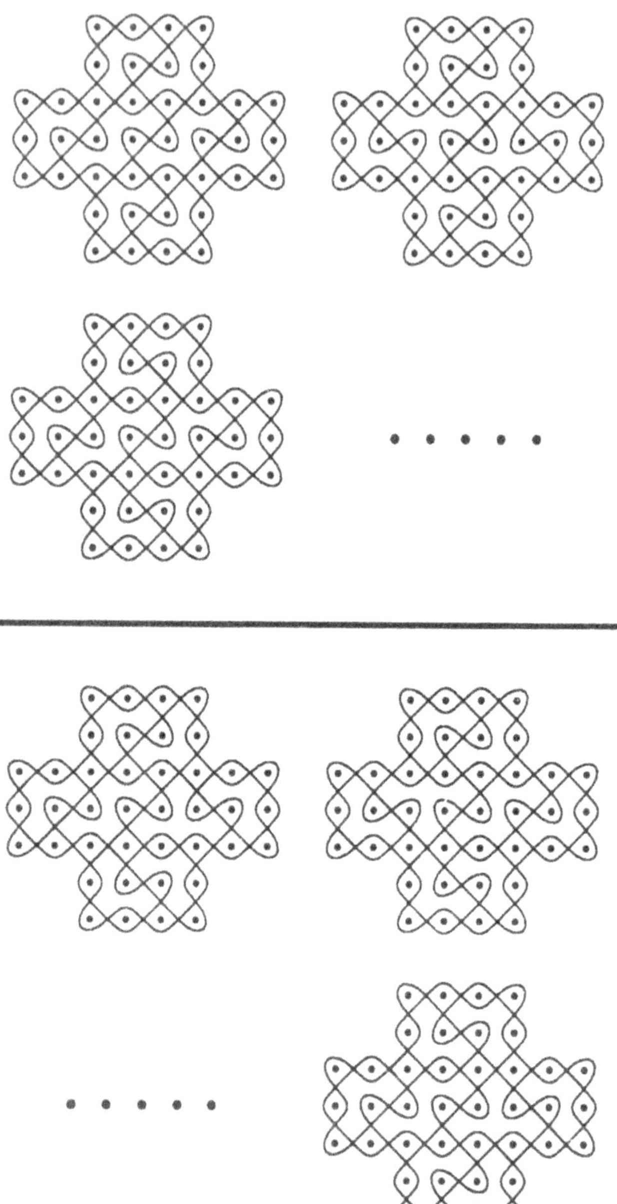

CHAPITRE 3 / CHAPTER 3

INVENTEZ VOUS-MÊME VOTRE SÉRIE DE *SONA* / INVENT YOUR OWN *SONA*-SERIES

Le modèle traditionnel Tchokwe dans la figure 1 représente trois oiseaux à voler.
Voyez-vous chacun de ces oiseaux?

The traditional Tchokwe design in Figure 1 represents three birds flying together.
Do you see the birds?

Figure 1

Copiez le modèle sur du papier transparent. Comme vous voyez, le dessin se compose d'une seule ligne fermée.

Copy the design on transparent paper. As you may see, the line drawing is composed out of one closed line.

Pouvez-vous imaginer une série de *sona* où un *lusona* donné apparaît comme un de ses éléments?

Can you imagine a *sona* - series in which the given *lusona* appears as one of its elements?

Suggestion:

* Essayez de dessiner vous même un seul oiseau.
* Essayez de dessiner deux oiseaux en vol, etc.

  * Try to draw one bird.
  * Try to draw two flying birds, etc.

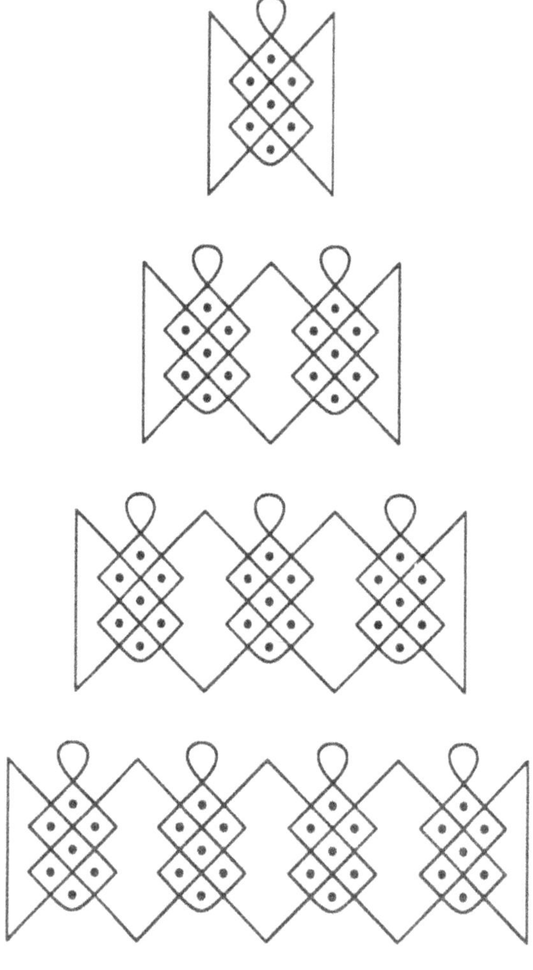

Figure 2

Le *lusona* présenté constitue le troisième élément de la série présentée dans la figure 2.

The given *lusona* constitutes the third element of the series shown in Figure 2.

Cette série n'est pas la seule où le *lusona* donné surgit comme un des éléments.

This series is not the only one in which the given *lusona* appears as one of its elements.

Le même *lusona* apparaît dans la série présentée dans la figure 3. Cette fois-ci comme le deuxième élément.

The same *lusona* appears in the series presented in Figure 3. This time it is the second element

Figure 3

Dans les pages qui suivent je présente de modèles traditionnels (p. 113-115) et nouveaux (p. 116-120): chacun d'eux se compose d'une seule ligne.
Pour chacun des modèles donnés, essayez de trouver une série où il surgit comme un des éléments. Encore une fois, les dessins doivent être composés d'une seule ligne fermée.

On the following pages we present traditional (p. 113-115) and new patterns (p.116-120). Each of them is made out of one closed line.
For each of the given patterns, try to find a series in which it appears as one of its elements. Once again all drawings have to be composed out of one closed line.

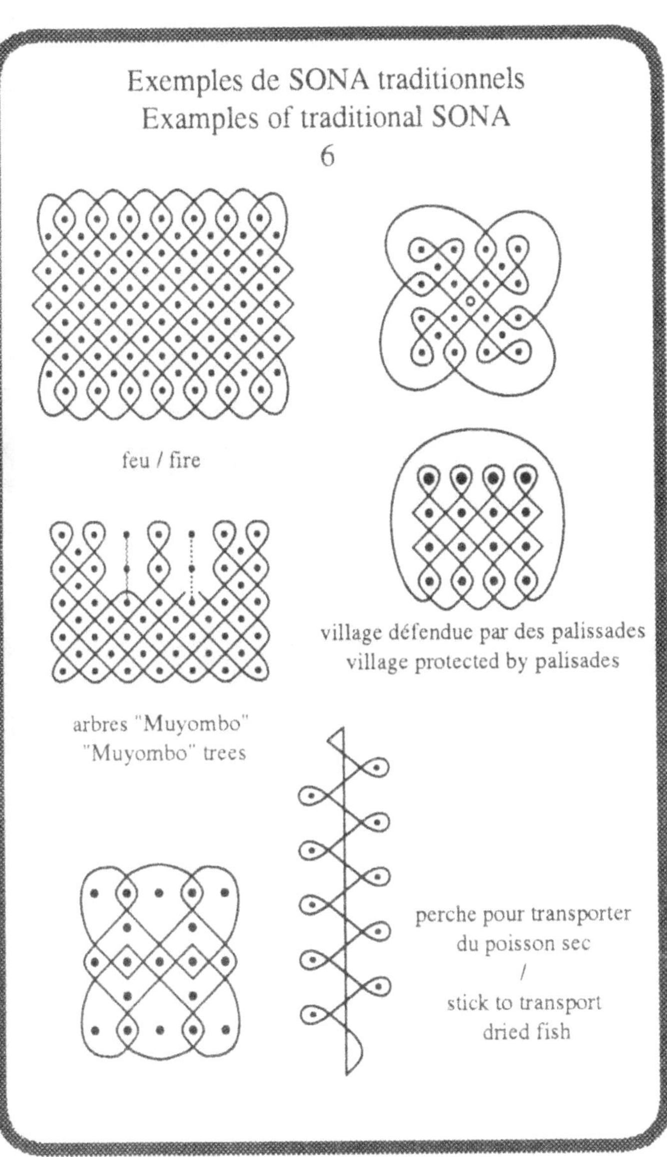
Exemples de SONA traditionnels
Examples of traditional SONA
6
feu / fire
village défendue par des palissades
village protected by palisades
arbres "Muyombo"
"Muyombo" trees
perche pour transporter
du poisson sec
/
stick to transport
dried fish

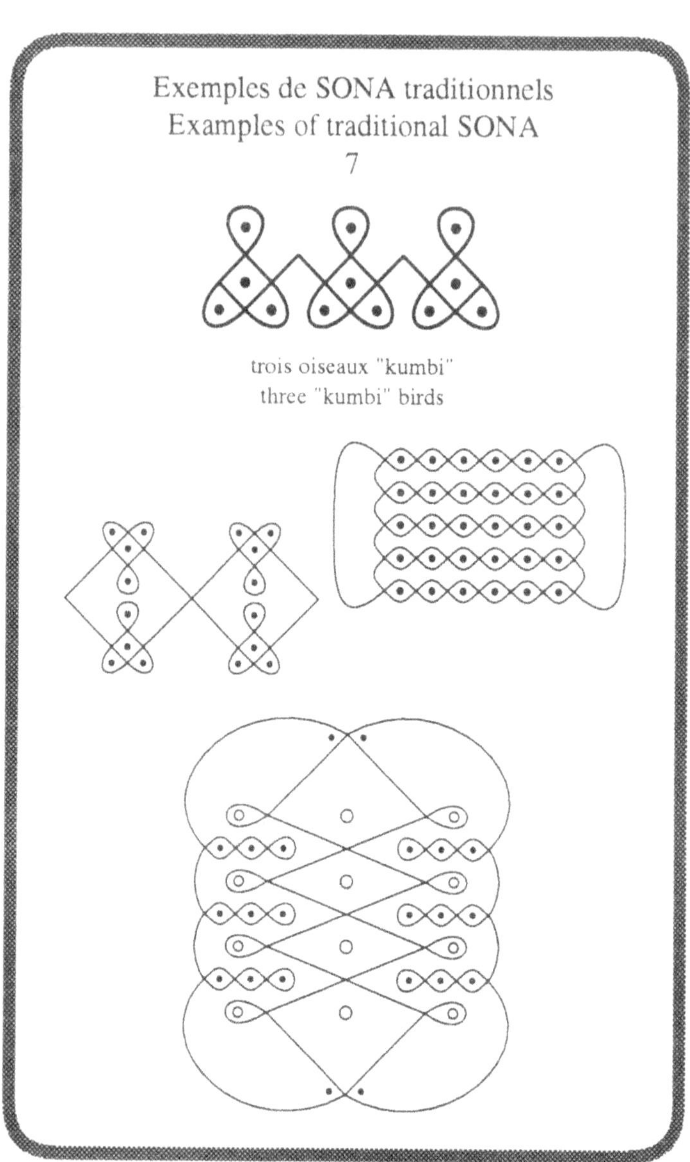

trois oiseaux "kumbi"
three "kumbi" birds

Exemples de SONA traditionnels
Examples of traditional SONA
8

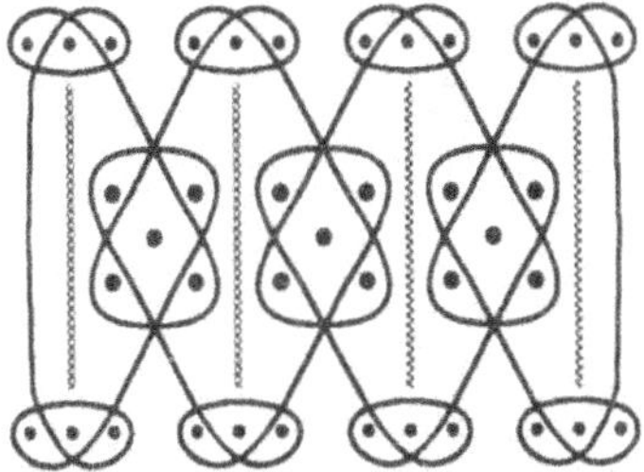

sac utilisé dans le transport de cargaisons
transport bag

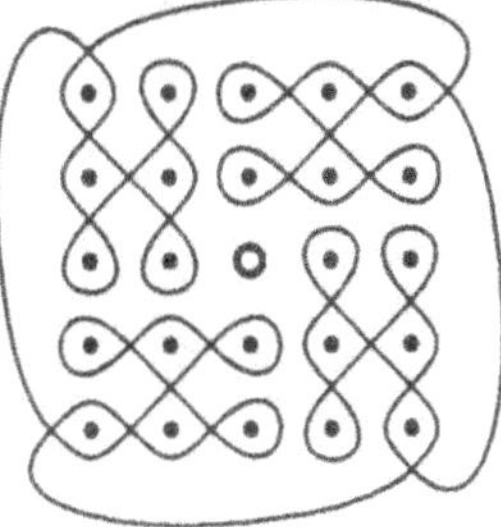

fôret où abondent des oiseaux "qundu" / forest with many "qundu" birds

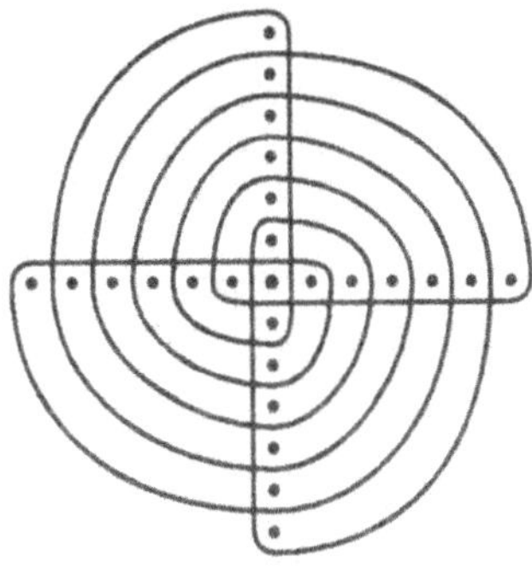

araignée dans sa toile
spider in its web

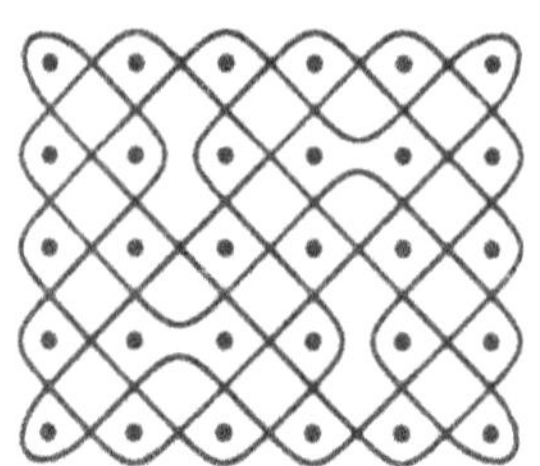

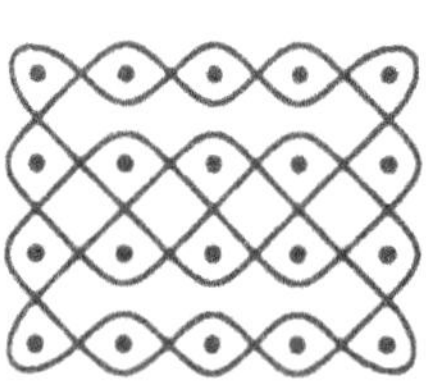

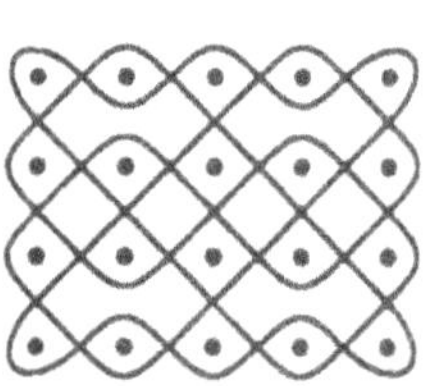

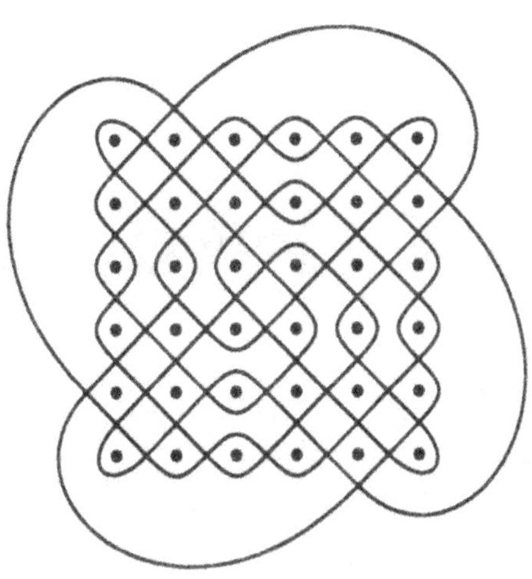

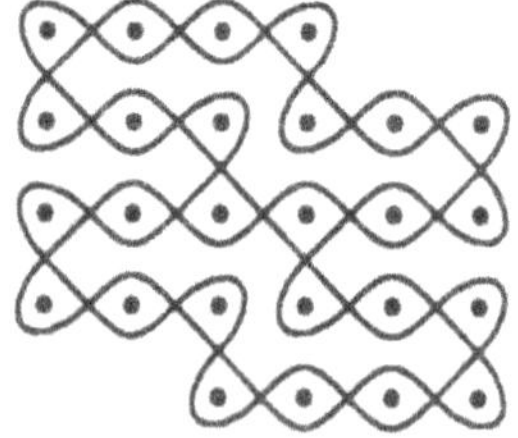

CHAPITRE 4 / CHAPTER 4

INVENTEZ DES *SONA* ET DES SÉRIES DE *SONA*
INVENT *SONA* AND *SONA*-SERIES

Chers lecteurs vous êtes invités à creér vos propres *sona* et vos propres séries de *sona*. Vous êtes priés de bien vouloir envoyer vos propositions à l'auteur de ce livre. Les propositions les plus intéréssantes feront partie d'un deuxième livre. Veuillez bien présenter aussi tous vos commentaires à propos de "*Lusona: récréations géométriques d'Afrique*".

The reader is invited to invent her/his own *sona* and *sona* - series and to send her/his proposals to the author. The most interesting proposals will be included in the second book. When you send your proposals, please also present your general comments on "*Lusona: geometrical recreations of Africa*".

BIBLIOGRAPHIE / BIBLIOGRAPHY

Pour informations complémentaires sur la tradition des *(lu)sona* et ses usages, voir:

For more information on the *(lu)sona*-tradition and its uses, see:

En Français / In French:

Bastin, M.-L.

1961 *Art décoratif Tshokwé*, Publicações Culturais da Companhia de Diamantes de Angola, Lisboa

Paulus Gerdes

1991 Les Sona de la tradition Tchokwe, *PLOT*, Poitiers, No. 54, 5-9

1995a *Une tradition géométrique en Afrique. — Les dessins sur le sable*, L'Harmattan, Paris, Vol. 1: *Analyse et reconstruction*

1995b *Une tradition géométrique en Afrique. — Les dessins sur le sable*, L'Harmattan, Paris, Vol. 2: *Exploration éducative et mathématique*

1995c *Une tradition géométrique en Afrique. — Les dessins sur le sable*, L'Harmattan, Paris, Vol. 3: *Analyse comparative*

Zaslavsky, Claudia

1995 *L'Afrique compte! Nombres, formes et démarches dans la culture africaine*, Éditions du Choix, Argenteuil

En Anglais / In English:

Ascher, Marcia

1988 Graphs in cultures (II): a study in ethnomathematics, *Archive for the History of Exact Sciences*, Berlin, Vol.39, No.1, 75-95

Gerdes, Paulus
1988a On possible uses of traditional Angolan sand drawings in the mathematics classroom, *Educational Studies in Mathematics*, Dordrecht / Boston, Vol.19, No.1, 3-22
1988b Find the missing figures. A series of geometric problems inspired by traditional Tchokwe sand drawings (Angola) and Tamil threshold designs (India), *Mathematics Teaching*, Derby, Vol.124, 0,18-19,50
1988c Find the missing figures, *Namnaren, Tidskrift for Matematikundervisning*, Stockholm, Vol.15, No.4, 51-53
1988d On possible uses of traditional Angolan sand drawings in the mathematics classroom, *Abacus, Journal of the Mathematical Association of Nigeria*, Ilorin, Vol.18, No.1, 107-125
1990 On mathematical elements in the Tchokwe 'sona' tradition, *For the Learning of Mathematics*, Montreal, Vol.10, No.1, 31-34
1991a On Mathematical Elements in the Tchokwe Sona drawing tradition, *Discovery and Innovation, Journal of the African Academy of Sciences*, Nairobi, Vol.3, No.1, 29-36
1991b On Mathematical Elements in the Tchokwe 'Sona' Tradition, *Afrika Mathematika, Journal of the African Mathematical Union*, Benin City, Series 2, Vol.3, 119-130
1993 Exploring Angolan sand drawings (sona): stimulating cultural awareness in mathematics teachers, *Radical Teacher*, Boston, Vol.43, 18-24
1994a On mathematics in the history of subsaharan Africa, *Historia Mathematica*, New York, Vol.21, 345-376
1994b *Sona Geometry: Reflections on the sand drawing tradition of peoples of Africa south of the Equator*, ISP, Maputo, Vol.1 [traduction de / translation by: Arthur Powell]
1996 *Lunda Geometry: Designs, Polyominoes, Patterns, Symmetries*, UP, Maputo, 149 p.

Kubik, Gerhard
1987 African space/time concepts and the tusona ideographs in Luchazi culture with a discussion of possible cross-parallels in music, *African Music*, Grahamstown, Vol.6, No.4, 53-89
1988 *Tusona-Luchazi ideographs, a graphic tradition as practised by a people of West-Central Africa*, Verlag Stiglmayr, Fohrenau

Pearson, Emil
1977 *People of the Aurora*, Beta Books, San Diego

Zaslavsky, Claudia
1979 *Africa Counts: Number and Pattern in African Culture*, Lawrence Hill Books, Brooklyn

En Portugais / In Portuguese:

Fontinha, Mário
1983 *Desenhos na areia dos Quiocos do Nordeste de Angola*, Instituto de Investigação Científica Tropical, Lisboa

Gerdes, Paulus
1990 *Vivendo a matematica: desenhos da África*, Editora Scipione, São Paulo
1993 *Geometria Sona: Reflexões sobre uma tradição de desenho em povos da África ao Sul do Equador*, ISP, Maputo, Vol.1 & Vol.2
1994 *Geometria Sona: Reflexões sobre uma tradição de desenho em povos da África ao Sul do Equador*, ISP, Maputo, Vol.3

Hamelberger, E.
1952 A escrita na areia, *Portugal em África*, Lisboa, No.53, 323-330

Santos, Eduardo dos
1961 Contribuição para o estudo das pictografias e ideogramas dos Quiocos, *Estudos sobre a etnologia do ultramar português*, Lisboa, Vol.2, 17-131

FICHE TECHNIQUE
TECHNICAL INFORMATION

Titre original en portugais / Original title in Portuguese::

Lusona: Recreações geométricas de Africa,
Projecto de Investigação Etnomatemática,
Universidade Pedagógica, Maputo, Moçambique, 1991,

Édition bilingue originale / Original bilingual edition:

Lusona: Geometrical Recreations of Africa – Récréations géométriques d'Afrique,
Projet de Recherche Ethnomathématique /
Ethnomathematics Research Project,
Universidade Pedagógica, Maputo, Mozambique, 1991.

Dessins / Drawings:

Tous les dessins ont été faits par l'auteur avec le programme "Abode Illustrator" (micro ordinateur Macintosh).

All drawings were made by the author using the Adobe Illustrator programme for the Macintosh micro computer.

Soutien financier / Financial support:

L'auteur remercie l'Agence Suédoise SAREC-SIDA pour son soutien financier au Projet de Recherche Ethnomathématique.

The author acknowledges the financial support of the Swedish Agency SAREC-SIDA to the Ethnomathematics Research Project.

TABLE DES MATIÈRES

CONTENTS

www.ingramcontent.com/pod-product-compliance
Lightning Source LLC
LaVergne TN
LVHW010432230826
846092LV00009BA/1143

* 9 7 8 2 7 3 8 4 5 1 6 8 2 *